普通高等院校材料工程类规划教材

复合材料制品成型模具设计

主　编　安晓燕
副主编　张宏山　王　凯　赵北龙
参　编　武丽华　杨明明
主　审　石常军

中国建材工业出版社

图书在版编目(CIP)数据

复合材料制品成型模具设计/安晓燕主编. —北京：中国建材工业出版社，2014.8 (2025.1 重印)

普通高等院校材料工程类规划教材

ISBN 978-7-5160-0773-0

Ⅰ.①复… Ⅱ.①安… Ⅲ.①复合材料-模具-设计-高等学校-教材 Ⅳ.①TG76

中国版本图书馆 CIP 数据核字(2014)第 044840 号

内 容 简 介

本书共 7 个项目，重点讲述了复合材料和塑料的基本知识、复合材料制品成型工艺、复合材料(塑料)成型模具设计基础、手糊成型模具设计、压制模具设计、挤出成型机头、注射成型模具设计等内容。书中采用了大量的模具装配图实例，有助于读者全面而深入地掌握各种复合材料模具的设计过程及工作原理。

本书适合作为普通高等院校材料工程类等相关专业教材，也可作为复合材料模具设计人员的培训教材和自学参考用书。

复合材料制品成型模具设计

主　编　安晓燕

副主编　张宏山　王　凯　赵北龙

主　审　石常军

出版发行：中国建材工业出版社

地　　址：北京市西城区白纸坊东街 2 号院 6 号楼

邮　　编：100054

经　　销：全国各地新华书店

印　　刷：北京雁林吉兆印刷有限公司

开　　本：787mm×1092mm　1/16

印　　张：10.5

字　　数：262 千字

版　　次：2014 年 8 月第 1 版

印　　次：2025 年 1 月第 3 次

定　　价：36.80 元

本社网址：www.jskjcbs.com，微信公众号：zgjskjcbs

前　言

树脂基复合材料是以有机高分子材料为基体、高性能连续纤维为增强材料、通过复合工艺制备而成，具有明显优于原组分性能的一类新型材料。树脂基复合材料具有比传统结构材料优越得多的力学性能，可设计性优良，还兼有耐化学腐蚀和耐候性优良、热性能良好、振动阻尼和吸收电磁波等功能。目前，随着复合材料工业的迅速发展，树脂基复合材料正凭借其本身固有的轻质高强、成型方便、不易腐蚀、质感美观等优点，越来越受到人们的青睐。

据有关部门的统计，全世界树脂基复合材料制品共有 4 万多种，全球仅纤维增强复合材料产量目前达到 750 多万吨，从业人员约 45 万，年产值 415 亿欧元。目前，树脂基复合材料的应用领域主要为：汽车业、建筑业、航空业、体育运动领域。从全球发展趋势来看，近几年欧美复合材料生产均持续增长，亚洲的日本发展缓慢，而我国市场发展迅速。我国树脂基复合材料研究，经过多年的发展，在生产技术、产品种类、生产规模等方面迈过了由小到大的台阶，产量已经仅次于美国，居世界第 2 位。但我国高性能树脂基复合材料发展水平不高，所采用的基体主要有环氧树脂、酚醛树脂、乙烯基酯树脂等。

模具是利用其特定形状去成型具有一定形状和尺寸制品的工具，复合材料成型模具是成型复合材料制品所采用的模具，它是成型塑料制品的主要工艺装备之一，对复合材料制品的质量产生重要影响。因此，对于从事复合材料模具设计的人员来说，除了应该了解复合材料原料的基本情况，还要熟悉其制品的结构、工艺性与模具设计之间的关系，这对保证制品质量，提高生产率及推广复合材料的应用都具有重要意义。

本书针对当今复合材料制品的应用现状及高校“复合材料制品成型模具设计”课程教学的基本情况，重点讲述如下内容：复合材料和塑料的基本知识、复合材料制品成型工艺、复合材料（塑料）成型模具设计基础、手糊成型模具设计、压制模具设计、挤出成型机头、注射成型模具设计。书中采用了大量的模具装配图实例，有助于读者全面而深入地掌握各种复合材料模具的设计过程及工作原理。

本书由河北建材职业技术学院安晓燕主编，由河北建材职业技术学院石常军主审，秦皇岛港股份有限公司六分公司张宏山、河北工程大学王凯、河北建材职业技术学院赵北龙担任副主编，河北建材职业技术学院武丽华、河北科技师范学院杨明明参编。

编者在本书的编写过程中得到了河北工程大学机电系各位教师的大力支持与热情帮助，在此表示衷心的感谢。

由于个人能力所限，书中缺点和错误在所难免，望读者批评指正。

编　者

2014 年 7 月

目　录

项目1　复合材料和塑料的基本知识

【项目简介】

本项目主要介绍复合材料的基本概念及成型特点，特别介绍了塑料的基本结构及种类，为学习其制品成型模具设计奠定基础。

【任务目标】

1. 掌握复合材料成型工艺特点。
2. 了解塑料的分子结构。
3. 了解常见塑料的种类、名称、对应英文缩写及其主要用途。

1.1　复合材料的概念

复合材料是由不同材料（包括金属、非金属和有机高分子材料）互为基体或增强材料，通过复合工艺组合而成的新型材料，它除保留原组分材料的主要特色外，又能通过复合效应获得原组分材料不具备的新性能。

决定复合材料性能和质量的主要因素是：

① 原材料组分的性能和质量；

② 原材料组分比例及复合工艺；

③ 复合材料的界面粘结和处理。

1.2　复合材料的成型工艺特点

与传统材料相比，复合材料有以下特点：

(1)可设计性

复合材料的力学性能、机械性能及热、光、声、电、防腐蚀、抗老化等性能，都可以按照制品的使用条件和环境要求进行设计，以极大限度地满足工程设备的使用性能需要。

(2)材料和结构的同一性

传统材料的构件成型，是通过对材料的再加工而实现的。在加工过程中材料本身并不发生组分和化学变化，如钢结构制品、木结构制品等。复合材料制品则是材料和结构同时完成，一般不再由“复合材料”加工成复合材料制品。由于这一特点，使复合材料制品整体性好，可大幅度减少制品的零件和组装链接，从而提高制品的生产效率，降低成本，提高制品的可靠性。

(3)充分发挥复合效应的优越性

复合材料是由不同组分材料通过复合工艺而制成的新材料。它不是几种材料的简单复合,而是通过复合效应获得单一材料无法达到的新性能,这种特点是其他材料无法具备的。

(4)性能对工艺的依赖性

复合材料制品的形成过程,是一个非常复杂的物理、化学变化过程。因此,制品的结构性能、物理及化学性能,对成型工艺方法、工艺参数,组成材料的比例及增强材料的分布方式、工艺过程的控制等,依赖性很大。由于成型过程中很难准确地控制各种工艺参数,会使复合材料性能的分散性增大,因此,在复合材料制品设计中,需要较大的安全系数。

1.3 复合材料的种类

复合材料的分类方法有很多,但常用的方法是按照基体材料来分类。

(1)聚合物基复合材料(有机高分子基复合材料)

通常称为树脂基复合材料、纤维增强材料和玻璃钢。在树脂基复合材料中,又分为热固性复合材料和热塑性复合材料。

(2)金属基复合材料

根据目前研究进展,金属基复合材料主要是指晶须、硼纤维、SiC纤维和表面带有TiB、TiC、SiC等涂层的系列石墨纤维增强铝、钛、镍等复合材料。

(3)无机非金属材料基复合材料

它包括陶瓷基复合材料、碳/碳复合材料和无机胶粘剂基复合材料。

三种复合材料中,以树脂基复合材料用量最大,产量最高,约占复合材料总量的90%以上。本书也主要讲述树脂基复合材料制品成型模具设计的相关知识。

1.4 塑料的概念及组成

1.4.1 塑料的概念

塑料的主要成分是树脂,最早树脂是指从树木中分泌出的脂物,如松香就是从松树分泌出的乳液状松脂中分离出来的。后来人们又发现,从热带昆虫的分泌物中也可提取树脂,如虫胶。有些树脂还可以从石油中得到,如沥青。这些都属于天然存在的,其特点是无明显的熔点,受热后逐渐软化,可溶解于有机溶剂,而不溶解于水。由于天然树脂无论数量还是质量都不能满足现实需要,因此,在实际生产中所用的树脂都是合成树脂。合成树脂是人们按照天然树脂的分子结构和特性,用人工方法合成制造的。由于其是由相对分子质量小的物质经聚合反应而制得的相对分子质量大的物质,因此称之为高分子聚合物,简称高聚物。一般在常温常压下为固体,也有的为黏稠液体。

有些合成树脂可以直接作为塑料使用(如聚乙烯、聚苯乙烯、尼龙等),但有些合成树脂必须在其中加入一些助剂,才能作为塑料使用(如酚醛树脂、氨基树脂、聚氯乙烯等)。

1.4.2　塑料的成分

塑料的成分是相当复杂的，按其成分的不同，可分为简单组分和多组分塑料。简单组分的塑料，基本上以树脂为主要成分，不加或加入少量助剂；多组分的塑料除树脂以外，还需加入其他一些助剂。树脂和助剂按不同比例配制，可以获得各种性能的塑件，同一种树脂、不同配方，就可以获得迥然不同的塑料材料及塑件。

1. 树脂

塑料的主要成分是合成树脂，约占塑料总重量的 40%～100%。其作用是使塑料具有可塑性和流动性，将各种助剂粘结在一起，并决定塑料的类型（热塑性或热固性）和主要性能（物理性能、化学性能、力学性能等）。

2. 填充剂

填充剂又称填料，一般是对聚合物呈惰性的粉末物质。它的加入可以改善塑料性能，扩大它的使用范围，减少树脂用量，降低成本（填料含量可达近 40%）。在许多情况下填充剂所起的作用并不比树脂小，是塑料中重要但并非必要的成分。对填料的要求是：易被树脂浸润，与树脂有很好的黏附性，性质稳定。填料的颗粒大小和表面状况对塑料性能也有一定影响，颗粒越小对制件稳定性和外观等方面的改善作用就越大。此外还要求填料分散性良好，不吸油和水，对设备磨损不严重。填料的加入改变了分子间构造，降低了结晶倾向，提高玻璃化温度和硬度，但常会使塑料的强度和耐湿性降低。填料过大时会使加工性能和表面光泽变差，因此需对填料品种和加入量严加控制。

3. 增塑剂

有些树脂（如硝酸纤维、醋酸纤维、聚氯乙烯等）可塑性小，柔顺性差，为了降低树脂的熔融黏度和熔融温度，改善其成型加工性能，通常加入能与树脂相溶的不易挥发的高沸点有机化合物，这类物质称为增塑剂。树脂中加入增塑剂后，加大了聚合物分子之间的距离，削弱了大分子之间的作用力，使树脂分子变得容易滑移，从而使塑料能在较低温度下具有良好的可塑性和柔顺性。如图 1-1 所示。

对增塑剂的要求是：能与树脂很好地混溶而不起化学反应；不易从制件中析出及挥发；不降低制件的主要性能；无毒、无害、无色、不燃及成本低等。一般需多种增塑剂混用才能满足多种性能要求。增塑剂是一种低分子化合物或聚合物，通常为高沸点的难挥发性液体或低熔点的固体酯类化合物。如邻苯二甲酸酯类、脂肪族二元酸酯类及磷酸酯类等。目前，塑料工业中使用增塑剂最多的是聚氯乙烯塑料，用的增塑剂占总产量 80%以上。

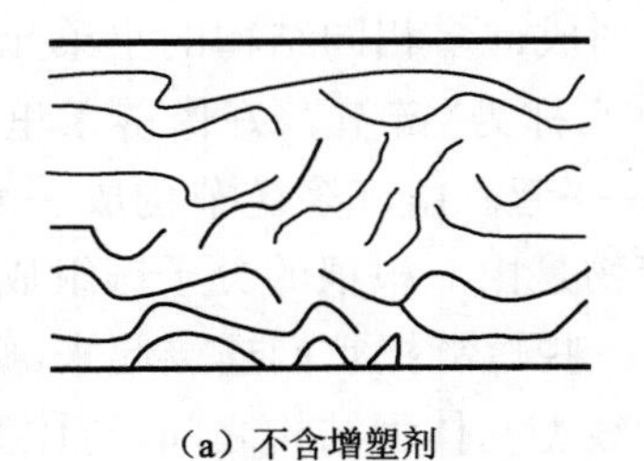

(a) 不含增塑剂　　(b) 含有增塑剂

图 1-1　增塑剂的作用示意图

4. 着色剂

着色剂又称色料，它能赋予塑料以色彩，起美观和装饰作用，有些着色剂还有改善塑件耐候性（提高抗紫外线能力）、耐老化性及延长塑件使用寿命，使塑料具有特殊的光学性能的作用。如聚甲醛塑料用炭黑着色后能在一定程度上有助于防止光老化；聚氯乙烯用二盐基性亚磷酸铅等颜料着色后，可避免紫外线的射入，对树脂起屏蔽作用。一般对色料的要求是：性能稳定、不分解、易扩散、耐光和耐候性优良，不发生从制件内部向表层析出或移向与其接触的其他物质的迁移现象。要使塑料具有特殊的光学性能，可在塑料中加入金属絮片、珠光、磷光及荧光色料等。

5. 稳定剂

稳定剂是一类可以提高树脂在光、热、氧及霉菌等外界因素作用时的稳定性，阻缓塑料变质的一类物质。许多树脂在成型加工和使用过程中由于受上述因素的作用，性能会变坏，加入少量（千分之几）稳定剂就可以减缓这种情况的发生。稳定剂的种类主要有三类：光稳定剂、热稳定剂和抗氧化剂。对稳定剂的要求是除对聚合物的稳定效果好外，还要耐水、耐油、耐化学药品，并与树脂相溶，在成型过程中不分解、挥发小、无色。常用的稳定剂有硬脂酸盐、铅的化合物及环氧化合物等。

6. 润滑剂

为改善塑料熔体的流动性，减少或避免对模具或设备的磨损和黏附，以及改进塑件表面质量而加入的一类助剂，称为润滑剂。润滑剂的主要作用是降低塑料材料内部分子之间的相互摩擦，因此润滑剂分内外两类。内润滑剂在高温下与聚合物有一定相溶性，削弱聚合物分子间力和分子链间的相互引力、起到塑化或软化作用；外润滑剂与聚合物的相溶性很低，能附着在熔融树脂表面，或附着在成型机械及模具的表面，降低它们之间的摩擦。常用的润滑剂有石蜡、硬脂酸、金属皂类、酯类及醇类等。当然，塑料的成分远不止上述几种，还有防静电剂、阻燃剂、增强剂、驱避剂、交联剂及固化剂等。

1.5 塑料的分子结构、种类及成型工艺特性

1.5.1 塑料的分子结构

塑料的主要成分是树脂，树脂有天然树脂和合成树脂两种。无论是什么种类的树脂，它们都属于高分子化合物，简称高聚物。每个高分子里含有一种或数种原子或原子团，这些原子或原子团按照一定的方式排列，首先是排列成许多相同结构的小单元，称之为结构单元，再通过化学键连成一个高分子。这些小单元称为“链节”，好像链条里的每个环节；n 称为“链节数”（聚合度），表示有多少链节聚合在一起。由许多链节构成一个很长的聚合物分子，称为“分子链”，如图 1-2 所示。如果高聚物是由一根根的分子链组成的，则称为线型高聚物（图 1-2b）；如果在大分子的链之间还有一些短链把它们连接起来，则称为体型高聚物（图 1-2c），此外还有一种网型高聚物，它介于线型与体型结构之间，与体型结构实际上没有严格区别，只是分子链之间交链的短链比较疏松而已。

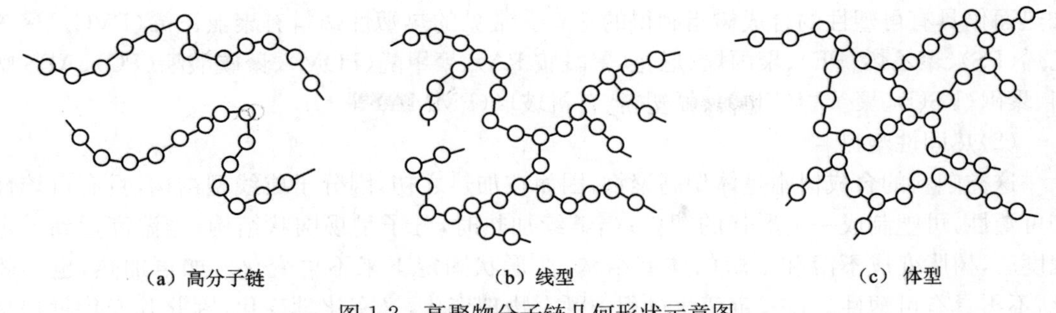

图 1-2　高聚物分子链几何形状示意图

1.5.2　塑料的种类

目前,已正式投产的塑料品种有300多种,但主要的只有40多种,而且每一品种又有多种牌号,为了便于识别和使用,需要对塑料进行分类。针对每一种塑料,一般都有成分和分子结构、制备方法、使用性能、工艺性能等几方面的考虑。对于塑料制备工程师来说,考虑比较多的是塑料的成分和分子结构及其制备方法;对于塑件设计工程师来说,考虑比较多的是塑料的使用性能及用途;对于模具工程师来说,考虑比较多的还是塑料的成型工艺性能。

1. 按塑料的使用特性分为通用塑料、工程塑料和功能塑料

(1)通用塑料

通用塑料是指一般只能作为非结构材料使用,产量大,用途广,价格低,性能普通的一类塑料。主要有聚乙烯、聚丙烯、聚氯乙烯、酚醛塑料和氨基塑料等品种,约占塑料总产量的75%以上。

(2)工程塑料

工程塑料是指可以作为工程结构材料,力学性能优良,能在较广温度范围内承受机械应力和较为苛刻的化学及物理环境中使用的一类塑料。主要有聚酰胺(尼龙)、聚碳酰酯、聚甲醛、ABS、聚苯醚、聚砜等各种增强塑料。

工程塑料与通用塑料相比产量小,价格较高,但具有优异的力学性能、电性能、化学性能、耐磨性、耐热性、耐腐蚀性、自润滑性及尺寸稳定性,且具有某些金属性能,因而可代替一些金属材料用于制造结构零部件和传动结构零部件等。

(3)功能塑料

功能塑料是指用于特种环境中,具有某一方面特殊性能的塑料。主要有医用塑料、光敏塑料、导磁塑料、高耐热性塑料及高频绝缘性塑料等。这类塑料产量小,价格较贵,性能优异。

2. 按塑料受热后呈现的基本特性分热塑性塑料和热固性塑料

(1)热塑性塑料

这类塑料的合成树脂都是线型或支链型高聚物,因而受热变软,甚至成为可流动的稳定黏稠液体,在此状态时具有可塑性,可塑制成一定形状的塑件,冷却后保持既得的形状,如再加热又可变软塑制成另一形状,如此可以反复进行多次。在这一过程中一般只有物理变化,而无化学变化,因此其变化过程是可逆的。简而言之,热塑性塑料是由可以多次反复加热而仍具有可塑性的合成树脂制得的塑料。常见的热塑性塑料有聚氯乙烯(PVC)、聚苯乙烯(PS)、聚乙烯(PE)、聚丙烯、尼龙(聚酰胺PA)、聚甲醛(POM)、聚碳酸酯(PC)、ABS塑料、聚砜(PSU)、聚苯醚(PPO)、氟塑料、有机玻璃(PMMA)等。

(2)热固性塑料

这类塑料的合成树脂是体型高聚物,因而在加热之初,因分子成线型结构,具有可熔性和可塑性,可塑制成一定形状的塑件;当继续加热时,分子呈现网状结构;当温度达到一定程度后,树脂变成不溶和不熔的体型结构,使形状固定下来不再变化。如再加热,也不软化,不再具有可塑性。在一定变化过程中既有物理变化,又有化学变化,因此其变化过程是不可逆的。简而言之,热固性塑料是由加热硬化,且只能一次性使用的合成树脂制得的塑料。常见的热固性塑料有酚醛塑料(PF)、氨基塑料、环氧树脂(EP)等。

小 结

主要内容	知识点	学习重点	提示
复合材料的基本概念及成型特点,塑料的基本结构及种类	复合材料成型工艺特点、塑料的组成、常用塑料特性及用途	复合材料基本概念、塑料组成	塑料的成分及分子结构直接影响其成型过程

复 习 题

1-1 何谓复合材料?其成型工艺特性是怎样的?

1-2 复合材料有哪些类型?其组分有何区别?

1-3 塑料的成分有哪些?各成分在塑料制品中的作用是什么?

1-4 按受热后呈现的基本特性区分,塑料分为哪两种?各具何种特性?

1-5 常用热塑性塑料和热固性塑料分别有哪些品种?查阅资料,举例说明它们的用途。

项目 2　复合材料制品成型工艺

【项目简介】

本项目主要介绍复合材料制品的成型工艺，其主要内容包括手糊成型工艺、模压成型工艺、挤出成型工艺及注射成型工艺的基本工艺流程和相关成型设备。

【任务目标】

1. 熟悉各类复合材料制品的工艺。
2. 熟悉各类复合材料制品成型的相关设备。

2.1　手糊成型工艺

手糊成型工艺是树脂基复合材料生产中最早使用和应用普遍的一种成型方法。手糊成型工艺是以手工操作为主，机械设备使用较少，它是以不饱和聚酯树脂或环氧树脂等为基体材料将增强材料粘结在一起的一种成型方法。它适于多品种、小批量制品的生产，且不受制品种类和形状的限制。

手糊成型操作虽然简单，但对于操作人员的操作技能要求较高。它要求操作者要有认真的工作态度、熟练的操作技巧和丰富的实操经验。对产品结构、材料性能、模具的表面处理、胶衣质量、含胶量控制、增强材料的裁减和铺放、产品厚度的均匀性及影响产品质量的各种因素都要有比较全面的了解，尤其是实操中出现常见问题的判断和处理，不但需要有丰富的实践经验，还要有一定的化学知识和一定的识图能力。

手糊成型又称手工裱糊成型、接触成型，指在涂好脱模剂的模具上，采用手工作业，即一边铺设增强材料（增强材料如玻璃布、无捻粗纱方格布、玻璃毡），一边涂刷树脂（树脂一般采用合成树脂，主要是环氧树脂和不饱和聚酯树脂）直到所需塑料制品的厚度为止，然后通过固化和脱模而取得复合材料制品的成型工艺。手糊成型属生产复合材料制品的成型工艺之一。根据近几年的统计，手糊成型工艺在世界各国复合材料工业生产中，仍占用很大的比例，如美国占 35%，西欧占 25%，日本占 42%，中国占 75%。这说明手糊成型工艺在复合材料工业生产中的重要性和不可替代性。但它的缺点也是很明显的，那就是生产效率低，劳动强度大、产品重复性差等。从目前的情况来看，手糊成型在复合材料工业中所占的比例有逐年下降的趋势，但可以肯定的一点是这种古老而又传统的工艺方法不会消失。

手糊成型可制备的制品有：波形瓦、浴盆、冷却塔、活动房、卫生间、贮槽、贮罐、风机叶片、各类渔船、游艇、微型汽车客车壳体、大型雷达天线罩、天文台顶罩、设备防护罩、飞机蒙皮、机翼外壳、火箭外壳等。

手糊成型常用的树脂体系有不饱和聚酯树脂胶液、环氧树脂胶液、33 号胶衣树脂(间苯二甲酸型胶衣树脂),耐水性好;36PA 胶衣树脂,自熄性胶衣树脂(不透明);39 号胶衣树脂,耐热自熄性胶衣树脂;21 号胶衣树脂(新戊二醇型),耐水煮、耐热、耐污染、柔韧、耐磨胶衣。

2.1.1 手糊成型工艺方法

手糊成型分湿法和干法两种。

湿法是将增强材料(布、带、毡)用含或不含溶剂胶液直接裱糊,其浸渍和预成型过程同时完成。湿法手糊成型的具体工艺过程是:先在模具上涂一层脱模剂,然后将固化剂的树脂混合料均匀涂刷一层,再将纤维增强织物(按要求形状尺寸裁剪好)直接铺设在胶层上,用刮刀、毛刷或压辊迫使树脂胶液均匀的浸入织物,并排除气泡,待增强材料被树脂胶液完全浸透之后,再涂刷树脂混合液,再铺贴纤维织物,重复以上步骤直至完成制件糊制,然后再固化、脱模、修边。目前约 50%的玻璃钢制品是采用湿法手糊工艺制造的。

干法手糊成型则是采用预浸料按铺层序列层贴预成型,将浸渍和预成型过程分开,获预成型毛坯后,再用模压或真空袋—热压罐的成型方法固化成型。干法手糊成型的具体工艺过程是:用预浸料为原料,先将预浸料(布)按样板裁剪成坯料,铺层时加热软化,然后再一层一层地紧贴在模具上,并注意排除层间气泡,使密实。此法多用于热压罐和袋压成型。

2.1.2 手糊成型工艺特点

手糊成型工艺的优点是成型不受产品尺寸和成型限制,适宜尺寸大、批量小、形状复杂的产品的生产;设备简单、投资少、见效快,适宜我国乡镇企业的发展;工艺简单、生产技术易掌握,只需经过短期培训即可进行生产;易于满足产品设计需求,可在产品的不同部位任意增补增强材料;制品的树脂含量高,耐腐蚀性能好。

缺点是生产效率低、速度慢、生产周期长、不易大批量生产;产品质量不易控制,性能稳定型不高;产品力学性能较低;生产环境差、气味大、加工时粉尘多,易对施工人员造成伤害。

2.1.3 手糊工艺流程

手糊工艺流程如图 2-1 所示。其中,糊制是手糊成型工艺的重要工序,必须精细操作,做到快速、准确、树脂含量均匀、无明显气泡、无浸渍不良、不损坏纤维及制品表面平整,确保制品质量。质量的好坏,与操作者的熟练程度和工作态度认真与否关系极大,因此,糊制工作虽然简单,但要把制品糊制好,则不是太容易的事情,应认真对待。

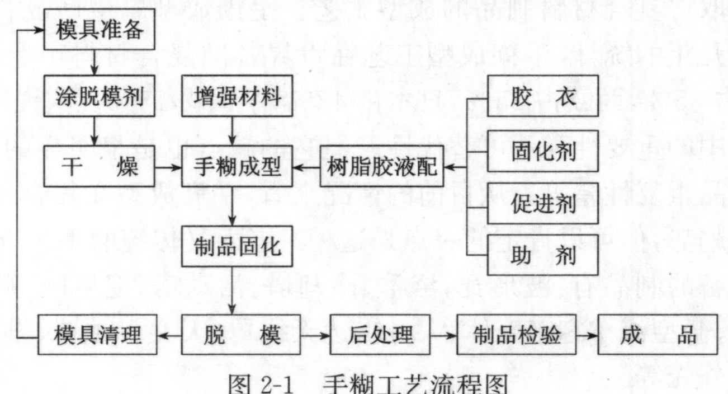

图 2-1 手糊工艺流程图

1. 模具

模具是各种接触成型工艺中的主要设备。模具的好坏，直接影响产品的质量和成本，必须精心设计制造。

设计模具时，必须综合考虑以下要求：①满足产品设计的精度要求，模具尺寸精确、表面光滑；②要有足够的强度和刚度；③脱模方便；④有足够的热稳定性；⑤重量轻、材料来源充分及造价低。

2. 厚度的控制

玻璃钢制品的厚度控制，是手糊工艺设计及生产过程中都会碰到的技术问题，当我们知道某制品所要求的厚度时，就需进行计算，以确定树脂、填料含量及所用增强材料的规格、层数。然后按照以下公式进行计算它的大致厚度。

$$t=(G_1n_1+G_2n_2+\cdots)\times(0.394+0.909k_1+0.4k_1k_2) \tag{2-1}$$

式中　t——玻璃钢的计算厚度，mm；

G_1、G_2——各种规格的布或毡的单位面积质量，kg/m^2；

n_1、n_2——各种规格的布或毡的层数；

0.394——纤维基材的厚度常数；

0.909——聚酯树脂的厚度常数；

0.400——填料的厚度常数；

k_1——树脂含量对玻璃纤维含量的比数；

k_2——填料含量对树脂含量的比数。

3. 树脂用量的计算

玻璃钢的树脂用量是一个重要的工艺参数，可以用下列两种方法进行计算。

① 根据空隙填充原理计算，推算出含胶量的公式，只要知道玻璃布的单位面积质量和相当厚度(一层玻璃布相当于制品的厚度)，便可以计算出玻璃钢的含胶量。即

制品表面积×厚度×纤维增强塑料密度＝制品质量；

制品质量×玻璃纤维质量百分含量＝玻璃纤维质量；

制品质量－玻璃纤维质量＝树脂质量。

② 先算出制品的质量，确定玻璃纤维质量的百分含量后计算。即

制品表面积×玻璃纤维层数×玻璃纤维单位面积质量＝玻璃纤维质量；

玻璃纤维质量÷玻璃纤维百分含量＝制品质量；

制品质量－玻璃纤维质量＝树脂质量。

糊制时所需的树脂用量可以根据玻璃纤维的质量来估算。如果使用短切毡，其含胶量一般控制在65%～75%之间，如用玻璃布作增强材料时，含胶量一般控制在45%～55%之间，从而保证制品的质量。

4. 玻璃布糊制

带胶衣层的制品，胶衣中不能混入杂质，糊制前应防止胶衣层与背衬层之间有污染，以免造成层间粘接不良，而影响制品质量。胶衣层可用表面毡来增强。糊制时应注意树脂对玻璃纤维的浸渍情况，首先使树脂浸润纤维束的整个表面，然后使纤维束内部的空气完全被树脂所取代。保证第一层增强材料完全浸透树脂并紧密贴合，这一点非常重要，特别对

某些要在较高温度条件下使用的制品尤为重要。因为浸渍不良及贴合不好，会在制品固化处理和使用过程中因热膨胀而产生气泡。糊制时，先在胶衣层或模具成型面上用毛刷、刮板或浸渍辊子等手糊工具均匀地涂刷一层配制好的树脂，然后铺上一层裁剪好的增强材料（如斜条、薄布或表面毡等），随之用成型工具将其刷平、压紧，使之紧密贴合，并注意排除气泡，使玻璃布充分浸渍，不得将两层或两层以上的增强材料同时铺放。如此重复上述操作，直到设计所需的厚度为止。若制品的几何尺寸比较复杂，某些地方增强材料铺放不平整，气泡不易排除时，可用剪刀将该处剪开，并使之贴平，应当注意每层剪开的部位应错开，以免造成强度损失。对有一定角度的部位，可用玻璃纤维和树脂填充。若产品某些部位比较大，可在该处适当增厚或加筋，以满足使用要求。由于织物纤维方向不同，其强度也有不同。所用玻璃纤维织物的铺层方向及铺层方式应该按工艺要求进行。

5. 搭缝处理

同一铺层纤维尽可能连续，忌随意切断或拼接，但由于产品尺寸、复杂程度等原因的限制难以达到时，糊制时可采取对接式铺层，各层搭缝须错开直至糊到产品所要求的厚度。糊制时用毛刷、毛辊、压泡辊等工具浸渍树脂并排尽气泡。如果强度要求较高时，为了保证产品的强度，两块布之间应采用搭接，搭接宽度约为 50mm。同时，每层的搭接位置应尽可能的错开。

6. 短切毡的糊制

当用短切毡作增强材料时，最好使用不同规格的浸渍辊子进行操作，因为浸渍辊子对排除树脂中的气泡特别有效。若无此种工具而需用刷子进行浸渍时，要用点刷法涂刷树脂，否则会把纤维弄乱，使纤维移位，以致分布不均匀，造成厚薄不一。铺在内部深角处的增强材料，如果用刷子或浸渍辊子难使其紧密贴合时，则可以用手抹平压紧。糊制时，用涂胶辊将胶液涂在模具表面上，然后手工将裁好的毡片铺在模具上并抹平，再用胶辊上胶，来回反复辊压，使树脂胶液浸入毡内，然后用胶泡辊将毡内的胶液挤出表面，并排除气泡，再糊制第二层。若遇到弯角处，可以手工将毡撕开，以利于包覆，两块毡之间的搭接约 50mm。许多产品也可以采用短切毡与玻璃布交替的铺层方式，如日本各公司糊制的渔船就是采用交替糊制的方法，据介绍该方法制作的制品性能很好。

7. 厚壁产品的糊制

制品厚度在 8mm 以下的产品可一次成型，而当制品厚度大于 8mm 以上时，应分多次成型，否则会因固化散热不良导致制品发焦、变色，影响制品的性能。多次成型的制品，第二次糊制时，应将第一次糊制固化后形成的毛刺、气泡铲掉后方可继续糊制下一铺层。一般情况下，建议一次成型厚度不要超过 5mm。当然也有为成型厚壁制品而开发的低放热、低收缩树脂，这种树脂一次成型的厚度比较大一些。

8. 制品的固化

手糊成型的玻璃钢制品，通常采用常温固化的树脂系统。手糊成型的操作环境一般要求达到以下条件：温度不低于 15℃，湿度不大于 75%。正常条件下，固化分为凝胶、固化及加热后处理三阶段。凝胶是粘流态树脂到失去流动性而形成的软胶状。固化可分为硬化及熟化两段时间。制品从凝胶到具有一定硬度，以至于能从模具上将制品脱下来，这时制品的固化度一般可以达到 50%～70%，这时称为硬化时间；制品脱模后在大于 15℃的自然环境自然固化 1～2 周，使制品具有一定的力学性能、物理和化学性能可供使用，这时成为熟化时间，此时固化度可以达到85%以上。熟化通常在室温进行，亦可采用加热后处理的方法来加速。例如在80℃下加热处理3h。为了提高玻璃钢制品的生产周期，提高模具的利用率，加速硬化时间，常常采用加热后处理措施。对聚酯玻璃钢而言，热处理温度不应超过120℃，一般控制在50～80℃之间，由于热处理温度与树脂的耐热温度有关，所以耐热温度高的树脂，热处理温度可以高一些，耐热温度低的树脂，热处理温度可以低一些。制品的固化程度与温度、时间成正比，适当提高环境温度或把制品置于阳光、红外线等照射下，可加速制品固化反应，提高模具周转率，缩短生产周期。有一点要着重指出，在进行后固化之前（特别是后固化温度超过50℃时），应该将制品在室温下至少放置24h，然后再进行后固化处理。当玻璃钢制品要求在较高的温度下使用时，要选择耐高温的热固化配方，手糊作业完成后，把制品置于一定温度条件下使之固化。在进行后固化处理时，升温速度缓慢，有利于树脂大分子结构的形成，升温速度过快，温度过高，会导致树脂暴聚，影响制品的性能。对于某些几何形状糊制及装配精度要求较高的制品，后固化处理时，应该用与其几何形状一致的支架托住，以防加热变形、翘曲。加热处理的方式应根据制品外形尺寸及模具材料等因素考虑确定，一般小型玻璃钢制品，可以在烘箱内加热处理；稍微大一些的制品可以放入烘房内处理；大型制品则多采用加热模具或红外线加热等方法。若模具能传热，可采用加热模具进行后固化。其加热方法包括可把热源布置在模具内、模具外及模具底部。若模具材料不传热，则可采用红外线加热。该方法是把红外灯装在有保温层的活动罩上，红外灯与制品间距离可随意调节，最高温度可达150℃，但这种方法电耗量较大，每立方米加热面的电耗量为2～3kW，比模具加热要高4～5倍。

9. 制品脱模

当产品固化至脱模强度时方可脱模，一般在常温下自然固化24h以上。根据选用的树脂固化体系来确定脱模时机。若采用机械脱模要注意安全，若采用人工脱模可用木楔子等比玻璃钢材料硬度小的材料脱模，脱模时应注意不损伤模具和产品，禁止重击或重摔模具。

脱模是手糊玻璃钢制品工艺中关键的工序。脱模的好坏直接关系到产品的质量和模具的有效利用。当然，脱模的好坏还取决于模具的设计、模具的表面光洁度、脱模剂和涂刷的效果，此外还取决于脱模的技术。

手糊玻璃钢制品一般采用气脱、顶出脱模、水脱等方法。

（1）气脱

气脱即将气嘴事先安装在模具上，如果气嘴通过胶管与气泵相连，脱模时通过气嘴，将压缩空气压入模具与产品的界面缝隙中，随着压缩空气的不断进入即可将产品顶出来。打压时可用橡皮锤轻轻敲打气孔处，使气体迅速进入。该脱模方法对表面积大的产品非常有效。

（2）顶出脱模

顶出脱模是将顶出件事先糊制在模具上，脱模时转动螺杆，顶出块即向外移动，从而将产品顶出。该法对厚壁产品更有效。

（3）水脱

即在气嘴中注入0.4～0.6MPa的水，也可以将产品脱下，因为水可以溶解脱模剂，比如采用聚乙烯醇脱模剂。

10. 修整

修整分两种：

① 尺寸修整:成型后的制品,按设计尺寸切去超出多余部分。

② 缺陷修补:包括穿孔修补,气泡、裂缝修补,破孔补强等。

2.2 模压成型工艺

模压成型也叫压制成型,其成型方法是将模压料(粉状、粒状、片状、碎屑状、纤维状等各种形态)直接加入具有规定温度的压模型腔和加料室,然后以一定的速度将模具闭合。模压料在加热和加压下熔融流动,并且很快地充满整个型腔,在物理及化学的作用下固化定型,得到所需形状及尺寸的复合材料制件,并在达到最佳性能时,开启模具取出制件。

压制模具用于成型热塑性制件时,则将热塑性塑料加入模具型腔后,逐渐加热、加压使之转化成粘流态并充满整个型腔,然后冷却,使塑件硬化再将其顶出。由于模具需交替地加热与冷却,故生产周期长、效率低,且劳动强度较大。

压制成型的方法虽已古老,但因其工艺成熟可靠,并积累有丰富的经验,适宜成型大型塑件,且塑件的收缩率较小,变形小,各项性能比较均匀,因此目前即使热固性塑料已有用注射的方法来进行生产的情况下,也不能将其淘汰。

除多层模,一般压制成型效率低,特别是厚壁制件生产周期更长。另外,自动化程度低、劳动强度大,厚壁制件和带有深孔、形状复杂的制件难于模塑,且常因溢边厚度的不同而影响塑件高度尺寸的准确性等,这都是压制成型的不足之处。

2.2.1 压制成型工艺

压制成型工艺过程如下：

① 配料。模压料由合成树脂、玻璃纤维、填料、固化剂、固化促进剂、润滑剂、色料按一定配比制成。

② 加料。将模压料直接加入高温的压模型腔或加料室。

③ 以一定的速度将模具闭合,模压料在热和压力的作用下熔融流动,并且很快地充满整个型腔。

④ 减压放气,再加压。

⑤ 固化。树脂与固化剂作用发生交联反应,生成不熔融且不溶解的体型化合物,模压料固化,成为具有一定形状的制品。

⑥ 脱模。当制品完全定型并且具有最佳的性能时,即开启模具取出制品。

2.2.2 成型压力

模压时迫使模压料充满型腔和进行固化而由压机对模压料所施加的压力简称成型压力。压力大小可按下式计算：

$$p = \frac{P_b \pi D^2}{4A} \tag{2-2}$$

式中　p——成型压力，MPa，一般为 15～30MPa；

　　P_b——压力机工作液压缸表上压力，MPa；

　　D——压力机主缸活塞直径，m；

　　A——制件与型芯接触部分在分型面上投影面积，m^2。

影响成型压力的因素很多，如模压料的品种、物料的形态、制品的形状尺寸、预热情况、成型温度、硬化速度以及压缩率等，均对成型压力具有影响。一般情况下，模压料的流动性越小、形状结构越复杂、成型深度越大、成型温度越低、固化速度和压缩比越大，所需成型压力越大。

成型压力对制件密度及其性能有很大影响，成型压力大有利于提高模压料流动性，有利于充满型腔，并能使交联固化速度加快，且制件密度和力学性能都比较高，但消耗能量多。过大的成型压力还会降低模具寿命。成型压力小时，制件则容易产生气孔。

2.2.3　成型温度

压缩成型温度是指压缩成型时所需的模具温度。它是模压料流动、充模、并最后固化成型的主要影响因素，决定了成型过程中聚合物交联反应的速度，从而影响制件的最终性能。

确定模具温度时需要考虑多方面因素，既不能过高也不能过低。如果模具温度取得过高，将会促使交联反应过早发生且反应速度也同时加快，这样虽有利于缩短制品所需的固化时间，有利于降低成型压力，但物料在模内的充模时间也相应变短，易发生充模困难的现象。另外，过高的模具温度还会导致制品表面暗淡、无光泽，致使制品发生肿胀、变形、开裂等缺陷。如果模具温度过低，则会出现固化时间长，固化速度慢，以及需要较大成型压力等问题。

2.2.4　模压时间

模压时间是指模具从闭合到开启的这一段时间，也就是模压料充满型腔到固化成为制件，在模腔内停留的时间、模压时间与模压料的种类、制件的形状、压缩成型工艺（温度、压力）以及操作步骤（是否排气、预热、预压）等有关。经过预热、加压的模压料的模压时间比不经过预热、预压的模压料的模压时间要短；成型压力大的模压时间短；成型温度越高，模压料固化速度越快，模压时间也就越短，反之亦然。

尽管如此，我们却不能一味地用升高模具温度的方法来提高生产率。实践证明温度过高或过低，模压时间过长或过短，制品质量都不高。应在保证质量的前提下缩短模压时间。

2.3　挤出成型工艺

挤出成型技术作为聚合物加工技术之一，是伴随聚合物加工工业技术的发展而成长的。目前，许多产品的挤出成型技术已发展成为包括生产工艺和生产线设备在内的专门化成套技术。制品能够达到高质量，生产中可获得良好的经济效益。虽然挤出成型新的加工方法和理论快速发展的时期已经过去，现在处于一个较过去水平高得多而在发展上趋于平缓的时期，但在对这些技术的运用中仍可以不断创新，开发新产品，制造新材料，形成新技术。

与聚合物其他的成型方法相比，挤出成型有许多突出的优点。

① 生产连续化：可以根据需要生产任意长度的管材、板材、棒材、异型材、薄膜、电缆及单丝等。

② 生产效率高：挤出机的单机产量较高，如一台直径 65mm 的挤出机组，生产聚氯乙烯薄膜，年产量可达 450t 以上。

③ 应用范围广：这种加工方法在橡胶、塑料、纤维的加工中都广为采用，尤其是塑料制品，几乎是绝大多数热塑性塑料和一些热固性塑料都可以用此法加工。除直接成型制品外，还可用挤出法进行混合、塑化、造粒、着色、坯料成型等，如挤出机与压延机配合，可生产压延薄膜；与压机配合，可生产各种压制成型件；与吹塑机配合，可生产中空制品。在橡胶制品生产工艺中，将挤出法用于制造胎面、内胎、胶管以及各种复杂断面形状制品及空心、实心、包胶等半成品，还可作滤胶、生胶的连续混炼、塑炼及造粒等用途。在石油化工厂，生产树脂过程中，可用挤出机挤压脱除树脂中的水分，用挤出机完成各种牌号树脂中助剂、改性剂的混合，完成树脂的成粒工艺。

④ 一机多用：一台挤出机，能够加工多种物料和多种制品。只要根据物料性能特点和产品的形状、尺寸更换不同的螺杆和机头，就可以生产不同的产品。

⑤ 设备简单，投资少：与注塑、压延相比，挤出设备比较简单，制造较容易，设备费用较低，安装调试较方便。设备占地面积较小，对厂房及配套设施要求相对简单。

以上的优点决定了挤出成型在聚合物加工中的重要地位。完全使用或在工艺中含有挤出过程的塑料制品的生产，约占热塑性塑料制品总量的一半。用这种方法成型的产品在农业、建筑业、石油化工、机械制造、医疗器械、汽车、电子、航空航天等工业部门都有应用。

2.3.1 挤出成型工艺

挤出成型可加工的聚合物种类很多，制品更是多种多样，成型过程也有许多差异，但基本过程大致相同，比较常见的是以固体状态加料挤出制品的过程。这一挤出成形过程是：将颗粒状或粉状的固体物料加入到挤出机的料斗中，挤出机的料筒外面有加热器，通过热传导将加热器产生的热量传给料筒内的物料，温度上升，达到熔融温度。机器运转，料筒内的螺杆转动，将物料向前输送，物料在运动过程中与料筒、螺杆以及物料与物料之间相互摩擦、剪切，产生大量的热，与热传导共同作用使加入的物料不断熔融，熔融的物料被连续、稳定地输送到具有一定形状的机头（或称口模）中。通过口模后，处于流动状态的物料取近似口型的形状，再进入冷却定型装置，使物料一面固化，一面保持既定的形状，在牵引装置的作用下，使制品连续地前进，并获得最终的制品尺寸。最后用切割的方法截断制品，以便储存和运输。

比较有代表性的挤出成型的工艺过程为：聚合物熔融、成型、定型、冷却、牵引、切割、堆放。

其他的挤出成型产品，随物料特性、制品大小和产量要求，挤出机的结构、类型和规格可以是不同的；机头结构、形状、尺寸按具体制品而设计制造；冷却定型方式依制品品种和材料性能而定;其余的辅机也会有很多不同点。然而,以上的各工艺环节是基本相同的。

2.3.2 挤出成型生产线组成

完成一种挤出产品的生产线通常由主机、辅机组成,这些组成部分统称为挤出机组,如图2-2所示。

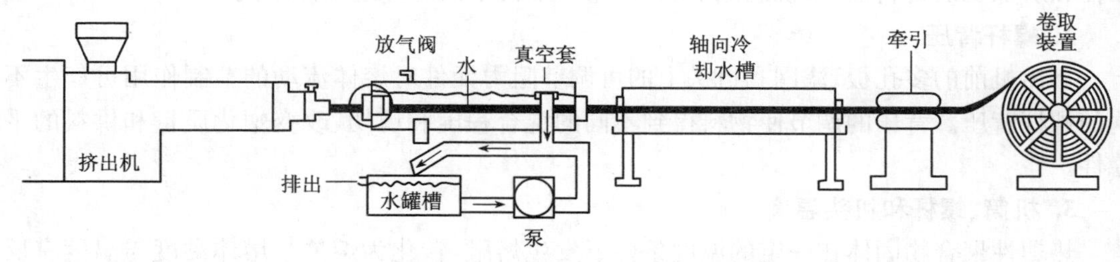

图2-2 挤出成型生产线

1. 主机

一台主机有以下三部分组成。

① 挤压系统。它是挤出机的关键部分,主要由螺杆和机筒组成。对于一般热塑性塑料,通过挤压系统,物料被塑化成均匀的熔体;对于熔体喂料和带有化学反应的挤出成型,则主要是使物料均匀混合成流体。在螺杆推力作用下,这些均质流体从挤出机前端的口模被连续地挤出。

② 传动系统。其作用是驱动螺杆,保证螺杆在工作过程中所需要的扭矩和转速。

③ 加热冷却系统。它保证物料和挤压系统在成型加工中的温度控制要求。

2. 辅机

挤出机组辅机的组成根据制品的种类而定,由下列几部分组成。

① 机头(口模):它是制品成型的主要部件,当机头口模的出料截面形状不同时,便可得到不同的制品。

② 定型装置:它的作用是将从口模挤出的物料的形状和尺寸进行精整,并将它们固定下来,从而得到具有更为精确的截面形状、表面光亮的制品。

③ 冷却装置:从定型装置出来的制品,在冷却装置中充分地冷却固化,从而得到最后的形状。

④ 牵引装置:它用来均匀地引出制品,使挤出过程稳定地进行。牵引速度的快慢,在一定程度上,能调节制品的截面尺寸,对挤出机生产率也有一定的影响。

⑤ 切割装置:它的作用是将连续挤出的制品按照要求截成一定的长度。

⑥ 堆放或卷取装置:用来将切成一定长度的硬制品整齐地堆放,或将软制品卷绕成卷。

3. 控制系统

挤出机的控制系统主要由电器仪表和执行机构组成,其主要作用是:控制主、辅机的驱动电机,使其按操作要求的转速和功率运转,并保证主、辅机协调运行;控制主、辅机的湿度、压力、流量和制品的质量;实现全机组的自动控制。

2.3.3 挤出成型生产工艺控制

1. 螺杆转速

螺杆的转速在挤出生产线主机控制装置中调节。螺杆转速的大小直接影响挤出机输出的物料量，也决定由摩擦产生的热量，影响熔体物料的流动件。螺杆转速的调节随螺杆结构和所加工的材料而异，视制品形状、产量和辅机中的冷却速度而不同。

2. 螺杆背压

挤出机前的多孔板、滤网和机头上的可调节阻力元件对熔体流动的节制作用可产生不同的螺杆背压。背压的调节使物料得到不同的混合程度和剪切，改变塑化质量和供料的平稳性。

3. 机筒、螺杆和机头温度

热塑性聚合物固体在一定的温度条件下发生熔融，转化为熔体。熔体黏度与温度有反比关系，因此，挤出机的挤出量会因物料温度的变化而受到影响。当物料被加入到挤出机料筒内时，受到由外部加热装置提供的热量以及由于做功所产生的摩擦热的综合作用。物料在机头中时，机头外部的加热装置提供热量。

假如操作中挤出物料的温度不足以把固体物料熔融，则线流动性很差，产品的质量不会达到要求；假如温度过高，会使聚合物过热或发生分解。温度的控制是挤出操作中非常重要的控制因素。

螺杆的温度控制涉及物料的输送率，物料的塑化、熔融质量，许多挤出机将螺杆制造成可控制温度的结构。料筒各段的温度根据物料状态变化的需要设定。比较大的机头也将加热装置分成各个部位。挤出机的温度是螺杆、料筒各段、机头各段分别设定并控制的。

4. 定型装置、冷却装置的温度

挤出不同的产品，采用的定型方式和冷却方式是不同的，相关的设备各种各样，但共同的都需要控制温度。冷却介质可以是空气、水或其他液体，温度关系冷却适度、生产效率、制品内应力，若为结晶型聚合物，还关系到与制品的结晶度、晶粒尺寸相关的一些物理性能。冷却介质的温度和流量是操作中可调节的。

5. 牵引速度

挤出机连续挤出物料，进入机头，从机头流出的物料被牵出，进入定型装置、冷却装置，牵出速度应与挤出速度相匹配。牵引速度还决定制品截面尺寸，冷却效果。牵引作用产生对制品纵向的拉伸，影响制品的力学性能和纵向尺寸的稳定性等，有时一些工艺中靠牵引速度的调节获得所需性能。牵引速度在挤出操作中的调节很重要。

2.4 注射成型工艺

注射模主要被用于成型热塑性塑料制件，近来也广泛地用于成型热固性塑料制件。由于注射模是成型塑料制件的一种重要工艺装备，因此在塑料制品的生产中它起着关键的作用，而且塑件的生产与更新都是以模具的制造和更新为前提的。所以，模具设计的好坏直接影响着塑件的质量、生产效率、工人劳动强度、模具的使用寿命以及加工成本等。

2.4.1　通用注射成型系统

通用注射成型系统是指热塑性塑料的通用注射成型系统。典型的注射成型系统如图 2-3 所示，主要包括：注射装置、合模装置、顶出装置、机械和液压传动及电控系统等几部分。

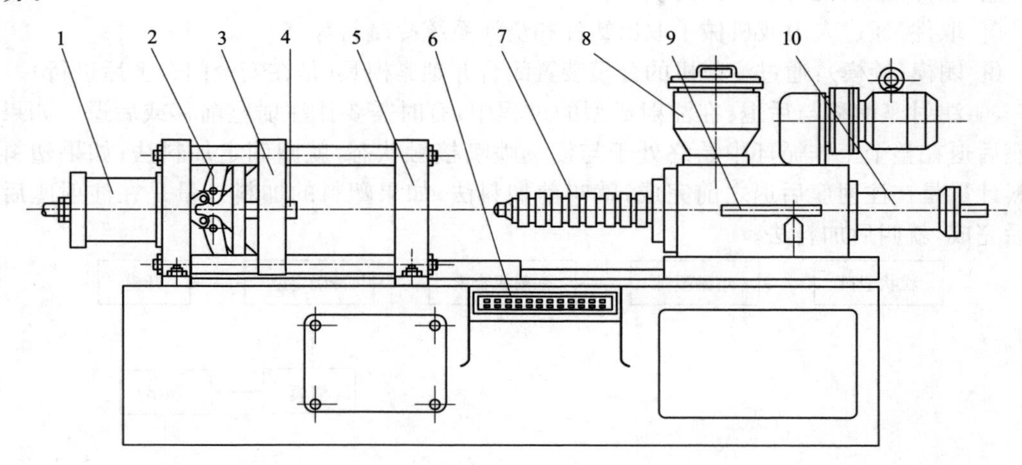

图 2-3　注射成型系统

1—合模油缸；2—合模机构；3—动模板；4—顶杆；5—定模板；6—控制台；7—料桶及加热器；8—料斗；9—定量供料装置；10—注射液压缸

① 注射装置：其主要作用是使固态塑料均匀地塑化成熔融状态，并以足够的压力和速度注入模腔中。其主要部件有：料筒、料筒加热器、料斗计量装置、螺杆驱动装置、喷嘴及驱动油缸等。

② 合模装置：其主要作用是保证成型模具有可靠的开合动作。因模腔中的熔料有较大的压力，故要求合模装置给模具以足够的夹紧力。其主要部件有：机架、定动模板、拉杆、合模油缸及肘节等。

③ 顶出装置：其作用是开模到一定距离时驱动模具的顶出装置将塑件从模具中顶出。

④ 机械和液压传动及电控系统：用于注射成型中塑料塑化、模具闭合、压力与温度调节、注射入模、保压、固化、开模及顶出等一系列工序的连续动作。

2.4.2　注射成型的工作循环

注射成型是热塑性塑料的主要成型方法，其成型过程是：塑料在注机料筒中被加热至熔融并保持流动状态，然后在注射机挤压系统的高压下定温、定压、定量地注射到闭合的模腔内成型，熔料经过冷却固化后成型，模具开启后将塑件顶出。其工艺流程如图 2-4 所示。

在注射成型的整个周期中，有以下几个动作：

① 计量：为成型一定大小的塑件，必须使用一定量的颗粒状塑料，这就需要计量。

② 塑化：为了将塑料充入模腔，必须使之成熔融状态，而流动充入模腔。

③ 注射充模：为了将熔融塑料充入模腔，需要对熔融塑料施加注射压力，而注入模腔。

④ 保压增密(预冷却):熔融塑料充满型腔后,向模腔内补充因制品冷却收缩而所需的物料。

⑤ 制品冷却:保压结束后,制品即开始进入正式冷却定型阶段。

⑥ 开模:制品冷却定型后,注射机的合模装置带动模具动模部分与定模部分分离,即开模。

⑦ 顶件:注射机的顶出机构顶出塑件。

⑧ 取件:通过人力或机械手取出塑件和浇注系统冷凝料等。

⑨ 闭模(锁模):通过注射机的合模装置闭合并锁紧模具(是在安全门合上后进行)。

⑩ 注射座前移与后退:在注射成型的过程中,有时需要让注射座前移或后退。如果注射座后退在整个工作循环中始终处于与模具喷嘴接触状态,就叫固定加料法;如果塑料的加料计量是在注射座后退之前完成,就叫前加料法;如果塑料的加料计量是在注射座后退之后完成,就叫后加料法。

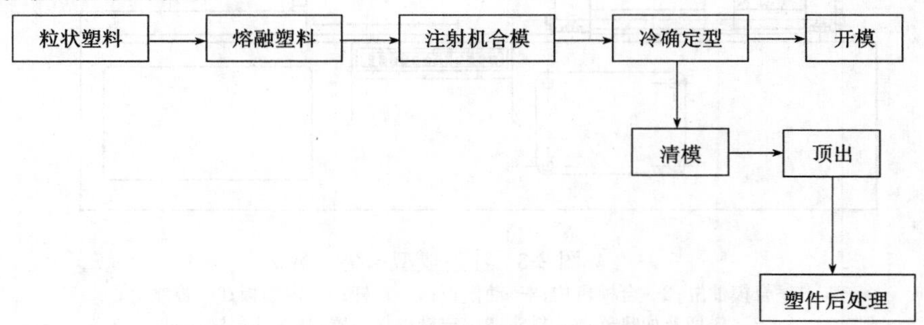

图 2-4 塑料注射成型工艺流程循环图

2.4.3 注射机的分类

1. 按塑化方式和注射方式分

(1)柱塞式注射机

通过柱塞将料筒的颗粒塑料推向料筒前端的塑化室,依靠料筒外的加热器提供的热量,使塑料塑化成黏流状态并被注射到模腔中去。

(2)螺杆式注射机

由油缸、螺杆、料筒、喷嘴和传动系统组成,如图 2-5 所示。料筒和螺杆的结构形式如图 2-6所示。

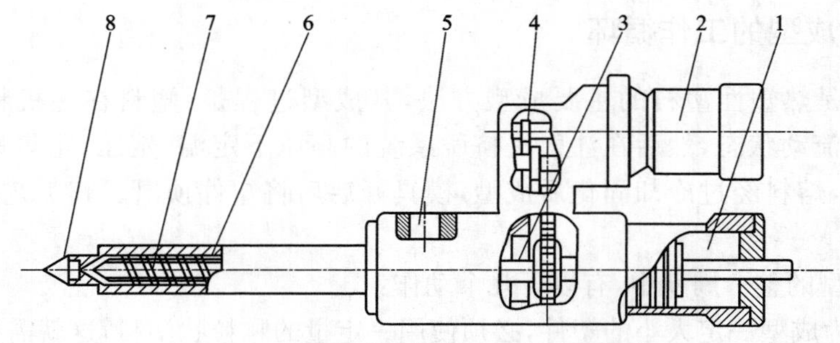

图 2-5 螺杆式注射机注射装置示意图

1—油缸;2—电动机;3—滑动销;4—传动齿轮;
5—进料口;6—料筒;7—螺杆;8—喷嘴

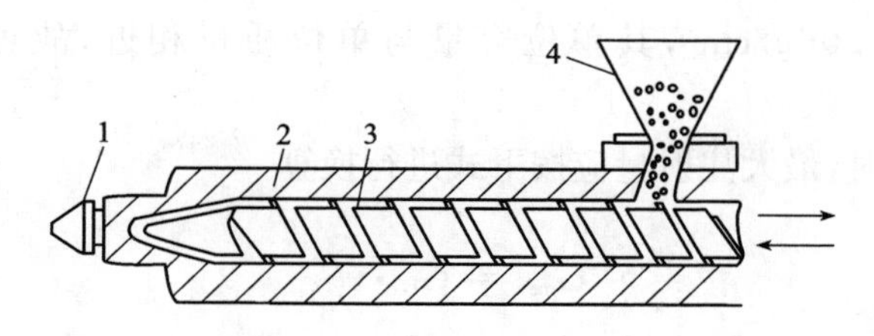

图 2-6 注射机料筒和螺杆的形状
1—喷嘴；2—料筒；3—螺杆；4—料斗

2. 按外形分

(1)立式注射机

注射方向向下，合模方向向上，即注射与合模在同一竖直线上。注射方式为柱塞式。其优点是占地面积小，安装拆卸方便，嵌件及活动型芯易于安放，料斗中的塑料可均匀进入料筒；其缺点是塑化不均匀而引起成型压力高，注射速度不均，塑件内应力大，塑件顶出后需人工取出，效率低，难以实现自动化。

(2)卧式注射机

它是目前应用最广的注射成型机械。模具在注射机上横卧安装，其注射与合模方向同在一水平线上。注射方式为螺杆式。其优点是机体低，便于操作，塑件顶出后可自行落下，生产效率高，并可实现自动化。缺点是装模和安放嵌件较麻烦，占地面积较大。此类注射机机型多样，注射容量范围大($30\sim32000cm^3$)，适用于各种塑件的注射成型。

(3)角式注射机：注射方向向下，与合模方向垂直，注射方式为柱塞式。其优点是结构简单，使用方便，开模后塑件可自动落下。另外由于合模方向与注射方向垂直，使模具受力均匀，锁模可靠。缺点是嵌件安放不便，易倾斜、脱落。这类注射都是小型的，注射量大都在 $60cm^3$ 以下，适于加工小型塑件，特别适用于型腔偏在一侧的模具或塑件中心部位不允许有浇口痕迹的塑件。

2.4.4 注射成型机的选择

1. 最大注射量

设计模具时，成型塑件所需要的注射总量应小于所选注射机的最大注射量，即

$$G_{塑} < G_{max} \tag{2-3}$$

式中 G_{max} ——注射机实际的最大注射量，cm^3 或 g；

$G_{塑}$ ——塑件成型时所需要的注射量，cm^3 或 g。

而

$$G_{塑} = n \cdot M_{塑} + M_{浇} \tag{2-4}$$

式中 n ——型腔个数；

$M_{塑}$ ——每个塑件的重量或体积，cm^3 或 g；

$M_{浇}$ ——浇注系统的重量或体积，cm^3 或 g。

对于柱塞式注射机和螺杆式注射机其允许最大注射量的标定是不同的。柱塞式注射机的允许最大注射量是以一次注射聚苯乙烯的最大质量(g)为标准规定的。因聚苯

乙烯密度为 1.04～1.06g/cm³，其单位容量与单位质量相近，故可用质量(g)做粗略计量。

当注射其他塑料时，最大注射量应按下式进行换算

$$G_{max} = G_B \cdot \frac{\gamma}{\gamma_B} \tag{2-5}$$

式中 G_B——注射机规定的最大允许注射量，即一次注射聚苯乙烯的最大注射量，g；

γ_B——聚苯乙烯在常温下的比重，1.06g/cm³；

γ——其他塑料在常温下的比重，g/cm³。

对于螺杆式注射机，其最大注射量通常以螺杆在料筒中的最大推进容积 V (cm³)来表示，国产螺杆式注射机就是以容积来标注其最大注射量的，该值与所选用的塑料品种无关，使用比较方便。

根据生产经验总结，在设计模具以容量计算时

$$V_{塑} \leqslant 0.8V_{max} \tag{2-6}$$

式中 $V_{塑}$——为塑件与浇注系统体积总和，cm³；

V_{max}——为注射机最大注射容量，cm³。

以质量计算时，

$$G_{塑} \leqslant 0.8G_{max} \tag{2-7}$$

2. 公称注射量

注射机多以公称量来表示，公称注射量与最大注射量的关系为

$$G_{max} = c\rho G \tag{2-8}$$

式中 c——料筒温度下塑料的体积膨胀率的校正系数，对于结晶形塑料，$c = 0.85$；对于非结晶形塑料，$c = 0.93$；

ρ——所用塑料在常温下的密度；

G——注射机的公称注射容量。

3. 锁模力

当高压的塑料熔体充满模具型腔时，会产生一个沿注射机轴向的很大的推力，此推力的大小等于塑件上浇注系统在分型面上的垂直投影面积之和(即注射面积)乘以型腔内的塑料压力。此力可使模具沿分型面胀开。为了保持动、定模闭合紧密，保证型件的尺寸精度并尽量减小溢边厚度，同时也为了保障操作人员的人身安全，需要机床提供足够大的锁模力。因此，欲使模具从分型面胀开的力必须小于注射机规定的锁模力，如图 2-7 所示，即：

$$T \geqslant K \cdot F \cdot q/1000 \tag{2-9}$$

式中 T——注射机的额定锁模力，t；

F——塑件与浇注系统在分型面上的总投影面积，cm²；

q——熔融塑料在模腔内的压力，kg/cm²；

K——安全系数，通常取 1.1～1.2。

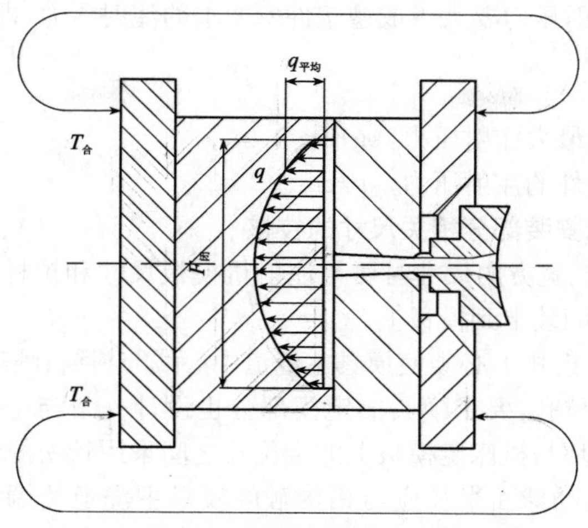

图 2-7 锁模力计算图

模腔压力 q 是注射压力经喷嘴、浇道、型腔损耗后剩余的压力，约为注射压力的 25%～50%。根据经验，模腔压力通常取 200～400kg/cm³。对于流动性差、形状复杂、精度要求高的塑件，成型时需要较高的模腔压力。但过高的模腔压力将对机床的锁模力和模具强度、刚度提出较高的要求，而且使塑件脱模困难，残余应力增加。常用塑料品种可选用的模腔压力值列于表 2-1。

表 2-1　常用塑料可选用的模腔压力

加工塑料	模腔平均压力(kg/cm²)	加工塑料	模腔平均压力(kg/cm²)
高压聚乙烯(PE)	100～150	AS	300
低压聚乙烯(PE)	200	ABS	300
中压聚乙烯(PE)	350	有机玻璃	340
聚丙烯(PP)	150	醋酸纤维树脂	350

试验制品尺寸：371mm × 271mm × 53mm(长 × 宽 × 高)；2.5mm(壁厚)

制品复杂程度不同或精度要求不同时，可选用的模腔压力值列于表 2-2。

表 2-2　制品形状和精度不同时可选用的模腔压力

条件	模腔平均压力(kg/cm²)	举例
易于成型的制品	250	聚乙烯、聚苯乙烯等壁厚均匀的日用品等
普通制品	300	薄壁容器类
高黏度料，制品精度高	350	ABS、聚甲醛等工业零件、精度高的制品
黏度特别高，制品精度高	400	高精度的机械零件

4. 最大注射压力

最大注射压力是指注射机料筒内柱塞或螺杆施于熔融塑料上的单位面积压力(指注射时)。成型塑件所需要的注射压力是由塑料品种、注射喷嘴的结构形式、塑件形状的复杂程度以及浇注系统的压力损失等因素决定的，其值一般在 700～1500kg/cm² 范围内选取。

注射机的最大注射压力要大于成型塑件所要求的注射压力，即

$$P > P' \tag{2-10}$$

式中　P——注射机最大注射压力，kg/cm^2；

P'——成型塑件的注射压力，kg/cm^2。

5. 模具与注射机安装部分相关尺寸的校核

① 设计模具的长、宽方向尺寸时要与注射机模板尺寸和拉杆间距相适应，应注意模具能否穿过拉杆间的空间装卡到模板上。

② 模具安装在注射机上必须使模具主浇道中心线与料筒、喷嘴的中心线相重合。在注射机定模板上有一定位孔，要求模具的定模部分也设计一个与主浇道同心的凸台，称为定位环或定位圈。定位环与机床定模板上的定位孔之间采用较松的动配合。

③ 注射机喷嘴头的球面半径应与相接触的模具主浇道始端凹下的球面半径相匹配。角式注射机喷嘴头多为平面，模具与其相接触处也应做成平面。

④ 注射机的动、定模板上开有许多不同间距的螺钉孔，用来装卡模具。设计模具时，动、定模部分的模脚尺寸应与机床的这些螺钉孔的尺寸和位置相适应，以便将模具紧固在相应的模板上。紧固方式可以采取在模脚上打孔穿过螺钉固定以及采用压板压紧模脚这两种方式。采用螺钉直接紧固时，模脚上钻孔的位置和尺寸应与机床模板上螺钉孔机吻合，而用压板固定模具时，只要模脚外侧附近有螺钉孔就能固紧，因此有更大的灵活性。然而对重量较大的大型模具，采用螺钉直接紧固则更为安全些。

6. 模具闭合高度

① 注射机动压板的最大行程和压板间最大和最小间距是固定参数，决定模具的闭合高度，如图 2-8 所示。选用注射机时注射模的闭合 H 应满足

$$H_{min} \leqslant H \leqslant H_{max} \tag{2-11}$$

式中　H_{min}——注射机允许的最小模厚，mm；

H_{max}——注射机允许的最大模厚，mm。

若 $H < H_{min}$，加备用垫板或增大模具支块的厚度；若 $H > H_{max}$，则模具不能使用。

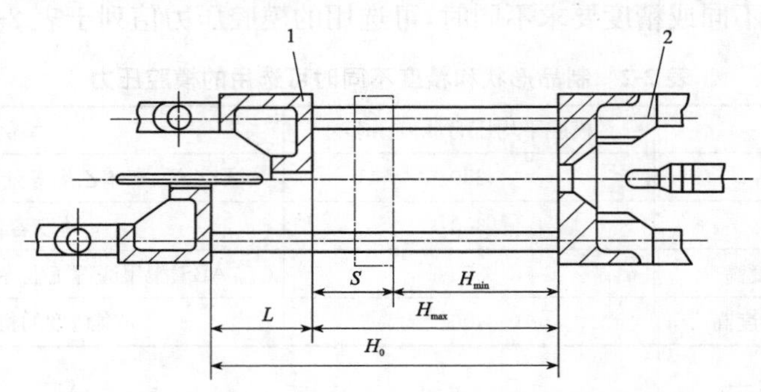

图 2-8　注射机压板行程和间距

1—定压板；2—动压板

L—动压板行程，mm；H_0—压板间最大开距，mm；S—动压板可调距离，mm

② 设计模具时还应考虑注射机压板的最大开距 H_0 和塑件脱模时所要求的开模距离 L 是否相符，即 $L < H_0$，如图 2-9 所示。

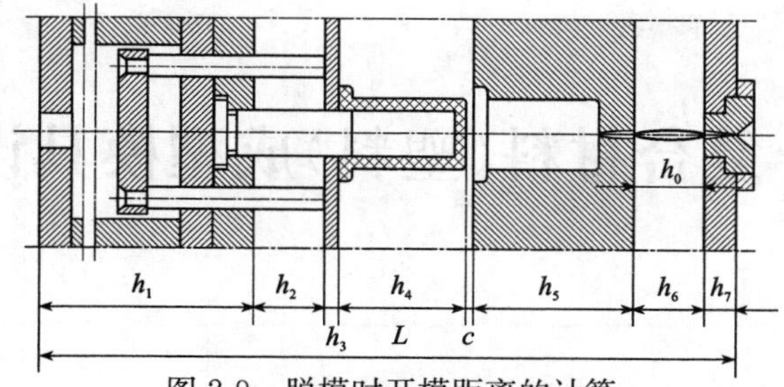

图 2-9　脱模时开模距离的计算

L —脱模状态时，模具的展开厚度，mm；H —模具闭合时的实际总厚度，mm；h_0 —浇口长度，mm；h_2 —顶板顶出行程，mm；h_4 —塑件高度，mm；h_6 —浇口凝料脱模间距，通常取 h_0 +（2～3mm）；c —安全系数（视情况而定）

7. 模体的截面尺寸

注射模具的长边不应超过压板尺寸，最短边应小于拉杆间距，才能将注射模装入注射机。同时，动定模上的紧固螺栓孔应与注射机压板上的标准螺孔一致。

8. 模具的顶出

注射机的顶出装置有中心顶杆顶出、两侧顶杆顶出及液压顶出。应在动模座板上设置稍大于注射机顶杆的通孔，并对应于注射机的顶出位置。

9. 定位环与浇口

定位环是将定模装入注射机定压板时的定位、对中装置，它与注射机的定位孔采用动配合连接形式。浇口套的凹球面与注射机喷嘴球面相吻合，其凹球半径稍大于喷嘴半径以便紧密接触。浇口套圆锥孔小端尺寸应大于喷嘴孔直径 0.5～1mm，以防熔料外溢。

小　结

主要内容	知识点	学习重点	提示
复合材料制品成型工艺	手糊成型工艺、模压成型工艺、挤出成型工艺、注射成型工艺	各种成型工艺的工艺特性及适用条件	依照复合材料制品在外形、尺寸、组成材料、力学性能等方面的差异，应合理选择制品的成型工艺

复 习 题

2-1　什么是手糊成型工艺？该工艺的优缺点是什么？

2-2　什么是模压成型工艺？在操作过程中应注意哪些参数的控制？它们之间的关系是什么？

2-3　什么是挤出成型？挤出成型设备包括哪些？

2-4　什么是注射成型？注射成型的成型工艺步骤有哪些？

项目3　复合材料(塑料)成型模具设计基础

【项目简介】

本项目主要介绍复合材料成型模具设计的基本知识,主要内容包括复合材料(塑料)制品的工艺性要求、模具设计的基本零部件的结构、各零部件工作尺寸设计计算方法。

【任务目标】

1. 通过实例,能够解释制件设计的工艺性,加深对零件设计准则的理解。

2. 掌握模具基本零部件的结构及工作原理。

3. 掌握成型零部件工作尺寸设计计算的方法,能够依据设计题目的要求选择参数,对成型零部件的工作尺寸进行计算。

3.1　复合材料(塑料)零件的工艺性

复合材料制品件的设计与其他材料如钢、铜、铝、木材等的设计有些是类似的。但是,由于复合材料组成的多样性,结构、形状的多变性,使得它比起其他材料有更理想的设计特性,特别是它的形状设计、材料选择、制造方法选择,更是其他大部分材料无可比拟的。因为其他的大部分材料,其设计者在外形或制造上,都受到相当的限制,有些材料只能利用弯曲、熔接等方式来成型。当然,复合材料选择的多样性,也使得设计工作变得更为困难,如我们所知,目前已经有一万种以上的不同复合材料被应用过,虽然其中只有数百种被广泛应用,但是,复合材料的形成并不是由单一材料所构成,而由多种材料所组合而成的,其中每一种材料又有其特性,这使得材料的选择、应用更为困难。

复合材料制品的整体设计原则为:

① 依成品所要求的机能决定其形状、尺寸、外观和材料。

② 设计的成品必须符合模塑原则,模具制作容易,成型及后加工容易,但仍需保持成品的机能。

为了确保所设计的产品能够合理而经济,在产品设计的初期,外观设计者、结构工程师、制图员、模具制造者、成型厂以及材料供应厂之间的紧密合作是必须的,因为没有一个设计者,能够同时拥有如此广泛的知识和经验,而从不同的行业观点所获得的建议,将是使产品合理化的基本前提。除此之外,一个合理的设计,考虑程序也是必须的。

复合材料制品设计的一般程序为：

① 确定产品的功能需求、外观。在产品设计的初始阶段，设计者必须列出对该产品的目标使用条件和功能要求，然后根据实际的需要，决定设计因子的范围，以避免在以后的产品发展阶段造成可能的时间和费用的漏失。

② 绘制预备性的设计图。当产品的功能需求、外观被确定以后，设计者可以根据选定的塑料材料性质，开始绘制预备性的产品图，以作为先期估价、检测以及原型模型的制作。

③ 制作原型模型。原型模型让设计者有机会看到所设计的产品的实体，并且实际核对其工程设计。原型模型的制作一般有两种方式，第一种就是利用板状或棒状材料依图加工再接合成一完整的模型，这种方式制作的模型，经济快速，但是，缺点是量少，而且较难作结构测试；另一种方式是，利用暂用模具，可作少量生产，需花费较高的模具费用，而且所费的时间较长，但是，所制作的产品较类似于真正量产的产品(需要特殊模具机构的部分，可能成型后再以机械加工成型)，可做一般的工程测试，而且建立的模具、成型经验，将有助于产品针对实际模具制作、成型需要而作正确的修正或评估。

④ 产品测试。每一个设计都必须在原型阶段接受一些测试，以核对设计时的计算和假想与实体之间的差异。产品在使用时所需要做的一些测试，大部分都可以借原型做有效的测试。此时，核对所有设计的功能要求，并且能够达成一个完整的设计评估。仿真使用测试通常在模型产品阶段就必须开始，这种型态的测试价值，取决于使用状态被仿真的程度。机械和化学性质的加速化测试通常被视为模型产品评估的重要项目。

⑤ 设计的再核对与修正。对设计的检讨将有助于回答一些根本的问题：所设计的产品是否达到预期的效果？价格是否合理？甚至于在此时，许多产品为了生产的经济性或是为了重要的功能和外形的改变，必须被发掘并改善，当然，设计上的重大改变，可能需要做完整的重新评估；假若所有的设计都经过这种仔细检测，则能够在这个阶段建立产品的细节和规格。

⑥ 制定重要规格。规格的目的在于消除生产时出现任何的偏差，以使产品符合外观、功能和经济的要求。规格上必须明确说明产品所必须符合的要求，它应该包括：制造方法、尺寸公差、表面加工、分模面位置、毛边、变形、颜色以及测试规格等。

⑦ 开模生产。当规格被谨慎而实际的制定之后，模具就可以开始被设计和制作，模具的设计必须谨慎并咨询专家的意见，因为不适当的模具设计和制造，将会使得生产费用提高，效率降低，并有可能造成品质的问题。

⑧ 品质的控制。对照一个已知的标准，制定对生产产品的规律检测是良好的检测作法，而检测表应该列出所有应该被检查的项目，另外，相关人员，如管理者或设计者也应与成型厂联合制定一个品质管理的程序，以利于生产的产品能够符合规格的要求。

3.1.1　塑件的收缩性、分型面、公差和表面质量

1. 塑件的收缩性

塑料经成型后所获得的制品从热模具中取出后，因冷却或其他原因而引起尺寸减小或体积收缩的现象，称为塑料的收缩性。收缩性是塑料的固有特性之一，因塑料的种类以及模塑的条件不同而不同。影响收缩性的因素非常复杂，塑料的性质、塑件结构、模具结构、成型工艺等均对收缩性产生影响。在设计模具时，必须把试件的收缩量补偿到模具的相应

尺寸当中去。模具的实际尺寸和塑件的实际尺寸存在下式中所示的关系：

$$Q=\frac{A-B}{A} \tag{3-1}$$

$$A=\frac{B}{1-Q} \tag{3-2}$$

式中　Q——塑料收缩率；

A——室温下模具的实际尺寸；

B——室温下塑件的实际尺寸。

而

$$\frac{1}{1-Q}=1+Q+Q^2+Q^3+\cdots$$

因此当塑料的收缩率 Q 很小时

$$A=B(1+Q) \tag{3-3}$$

2. 分型面

分型面是为了将已经成型好的塑料制件从模具型腔内取出或为满足安放嵌件及排气等成型的需要，根据塑件的结构，将直接成型塑件的那一部分模具分成若干部分的接触面，如图 3-1 所示。

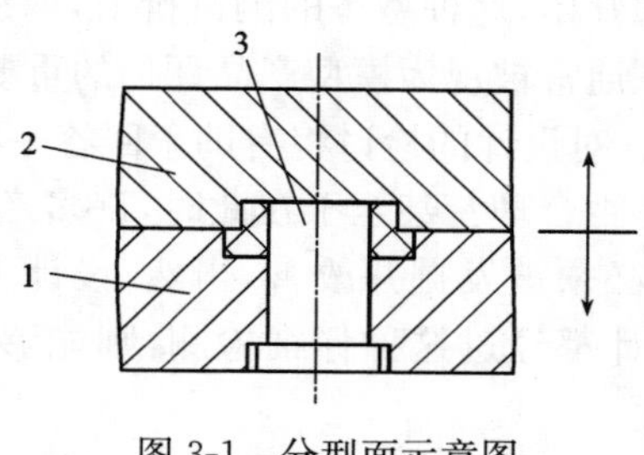

图 3-1　分型面示意图

1—动模；2—定模；3—型芯

设计塑料制件过程中必须有利于分型面位置的选择，应遵循以下原则：①不得位于明显影响外观的位置；②开模时不形成死角的位置；③位于模具易加工的位置；④位于成品后加工容易的位置；⑤位于不影响尺寸精度的位置，尺寸关系重要的部分尽量放在模具的同一边。

3. 塑件公差

大部分的塑料产品可以达到高精密配合的尺寸公差，而一些收缩率高及一些软性材料则比较难于控制。因此在产品设计过程中是要考虑到产品的使用环境、塑料材料、产品形状等来设定公差的严紧度。塑件尺寸公差应根据 GB/T 14486—2008《塑料模塑件尺寸公差》确定，尺寸公差见表 3-1。该标准中塑件尺寸公差的代号为 MT，公差等级分为 3 级。该标准只规定公差，基本尺寸的上、下偏差可根据塑件使用要求来分配。一般情况下，对于塑件上孔的公差采用单向正偏差，即取表中数值冠以“+”号；对于塑件上轴的公差采用单向负偏差，即取表中数值冠以“−”号；对于中心距尺寸及其他位置尺寸公差采用双向等值偏差，即取表中数值之半再冠以“±”号。

表 3-1　塑件尺寸公差表(GB/T 14486—2008)

公差等级	公差类型	基本尺寸												
		>0 ~3	>3 ~6	>6 ~10	>10 ~14	>14 ~18	>18 ~24	>24 ~30	>30 ~40	>40 ~50	>50 ~65	>65 ~80	>80 ~100	>100 ~120
标注公差的尺寸公差值														
MT1	A	0.07	0.08	0.09	0.10	0.11	0.12	0.14	0.16	0.18	0.20	0.23	0.26	0.29
	B	0.14	0.16	0.18	0.20	0.21	0.22	0.24	0.26	0.28	0.30	0.33	0.36	0.39
MT2	A	0.10	0.12	0.14	0.16	0.18	0.20	0.22	0.24	0.26	0.30	0.34	0.38	0.42
	B	0.20	0.22	0.24	0.26	0.28	0.30	0.32	0.34	0.36	0.40	0.44	0.48	0.52
MT3	A	0.12	0.14	0.16	0.18	0.20	0.24	0.28	0.32	0.36	0.40	0.46	0.52	0.58
	B	0.32	0.34	0.36	0.38	0.40	0.44	0.48	0.52	0.56	0.60	0.66	0.72	0.78
MT4	A	0.16	0.18	0.20	0.24	0.28	0.32	0.36	0.42	0.48	0.56	0.64	0.72	0.82
	B	0.36	0.38	0.40	0.44	0.48	0.52	0.56	0.62	0.68	0.76	0.84	0.92	1.02
MT5	A	0.20	0.24	0.28	0.32	0.38	0.44	0.50	0.56	0.64	0.74	0.86	1.00	1.14
	B	0.40	0.44	0.48	0.52	0.58	0.64	0.70	0.76	0.84	0.94	1.06	1.20	1.34
MT6	A	0.26	0.32	0.38	0.46	0.54	0.62	0.70	0.80	0.94	1.10	1.28	1.48	1.72
	B	0.46	0.52	0.58	0.68	0.74	0.82	0.90	1.00	1.14	1.30	1.48	1.68	1.92
MT7	A	0.38	0.48	0.58	0.68	0.78	0.88	1.00	1.14	1.32	1.54	1.80	2.10	2.40
	B	0.58	0.68	0.78	0.88	0.98	1.08	1.20	1.34	1.52	1.74	2.00	2.30	2.60
未注公差的尺寸允许偏差														
MT5	A	±0.10	±0.12	±0.14	±0.16	±0.19	±0.22	±0.25	±0.28	±0.32	±0.37	±0.43	±0.50	±0.57
	B	±0.20	±0.22	±0.24	±0.26	±0.29	±0.32	±0.35	±0.38	±0.42	±0.47	±0.53	±0.60	±0.67
MT6	A	±0.13	±0.16	±0.19	±0.23	±0.27	±0.31	±0.35	±0.40	±0.47	±0.55	±0.64	±0.74	±0.86
	B	±0.23	±0.26	±0.29	±0.33	±0.37	±0.41	±0.45	±0.50	±0.57	±0.65	±0.74	±0.84	±0.96
MT7	A	±0.19	±0.24	±0.29	±0.34	±0.39	±0.44	±0.50	±0.57	±0.66	±0.77	±0.90	±1.05	±1.20
	B	±0.29	±0.34	±0.39	±0.44	±0.49	±0.54	±0.60	±0.67	±0.76	±0.87	±1.00	±1.15	±1.30

续表

公差等级	公差类型	基本尺寸											
		>120~140	>140~160	>160~180	>180~200	>200~225	>225~250	>250~280	>280~315	>315~355	>355~400	>400~450	>450~500
标注公差的尺寸公差值													
MT1	A	0.32	0.36	0.40	0.44	0.48	0.52	0.56	0.60	0.64	0.70	0.78	0.86
	B	0.42	0.46	0.50	0.54	0.58	0.62	0.66	0.70	0.74	0.80	0.88	0.96
MT2	A	0.46	0.50	0.54	0.60	0.66	0.72	0.76	0.84	0.92	1.00	1.10	1.20
	B	0.56	0.60	0.64	0.70	0.76	0.82	0.86	0.94	1.02	1.10	1.20	1.30
MT3	A	0.64	0.70	0.78	0.86	0.92	1.00	1.10	1.20	1.30	1.44	1.60	1.74
	B	0.84	0.90	0.98	1.06	1.12	1.20	1.30	1.40	1.50	1.64	1.80	1.94
MT4	A	0.92	1.02	1.12	1.24	1.36	1.48	1.62	1.80	2.00	2.20	2.40	2.60
	B	1.12	1.22	1.30	1.44	1.56	1.68	1.82	2.00	2.20	2.40	2.60	2.80
MT5	A	1.28	1.44	1.60	1.76	1.92	2.10	2.30	2.50	2.80	3.10	3.50	3.90
	B	1.48	1.64	1.80	1.96	2.12	2.30	2.50	2.70	3.00	3.30	3.70	4.10
MT6	A	2.00	2.20	2.40	2.60	2.90	3.20	3.50	3.80	4.30	4.70	5.30	6.00
	B	2.20	2.40	2.60	2.80	3.10	3.40	3.70	4.00	4.50	4.90	5.50	6.20
MT7	A	2.70	3.00	3.30	3.70	4.10	4.50	4.90	5.40	6.00	6.70	7.40	8.20
	B	3.10	3.20	3.50	3.90	4.30	4.70	5.10	5.60	6.20	6.90	7.60	8.40
未注公差的尺寸允许偏差													
MT5	A	±0.64	±0.72	±0.80	±0.88	±0.96	±1.05	±1.15	±1.25	±1.40	±1.55	±1.75	±1.95
	B	±0.74	±0.82	±0.90	±0.98	±1.06	±1.15	±1.25	±1.35	±1.50	±1.65	±1.85	±2.05
MT6	A	±1.00	±1.10	±1.20	±1.30	±1.45	±1.60	±1.75	±1.90	±2.15	±2.35	±2.65	±3.00
	B	±1.10	±1.20	±1.30	±1.40	±1.55	±1.70	±1.85	±2.00	±2.25	±2.45	±2.75	±3.10
MT7	A	±1.35	±1.50	±1.65	±1.85	±2.05	±2.25	±2.45	±2.70	±3.00	±3.35	±3.70	±4.10
	B	±1.45	±1.60	±1.75	±1.96	±2.15	±2.35	±2.55	±2.80	±3.10	±3.45	±3.80	±4.20

注：A为不受模具活动部分影响的尺寸；B为受模具活动部分影响的尺寸。

4. 塑件的表面质量

塑件的表面质量是指塑件的表面缺陷(如斑点、条纹、凹痕、起泡、变色等)、表面光泽性和表面粗糙度。表面缺陷与成型工艺和工艺条件有关,必须避免;表面光泽性和表面粗糙度应根据塑件的使用要求而定,尤其是透明塑件对光泽性和粗糙度均有严格要求。塑件的表面粗糙度与塑料品种、成型工艺条件、模具成型零件的表面粗糙度及其磨损情况有关,其中模具成型零件的表面粗糙度是决定塑件表面粗糙度的主要因素。一般模具表面粗糙度要比塑件表面粗糙度低一级。有些制品的表面要求达到 $Ra0.4 \sim Ra0.025$,透明制品要求型腔和型芯的表面粗糙度相同,不透明件则根据使用情况来定。

3.1.2　塑件的几何形状

1. 塑件的形状

塑件的形状必须便于成型以简化模具结构,降低成本,提高生产力和保证塑件的质量。为了在开模时容易取出塑件,塑件的内外表面的形状应尽量避免侧壁凹槽或与塑件脱模方向垂直的孔,以免采用瓣合分型或侧抽芯等复杂的模具结构。否则,不但使模具结构复杂,制造周期延长,成本提高,模具生产率降低,还会在分型面上留下飞边,增加塑件的后续工作量。

2. 塑件的壁厚

壁厚的大小取决于产品需要承受的外力、是否作为其他零件的支撑、承接柱的数量、伸出部分的多少以及选用的塑料材料。一般的热塑性塑料壁厚设计应以4mm为限。从经济角度来看,过厚的产品不但增加物料成本,延长生产周期和冷却时间,而且增加生产成本。从产品设计角度来看,过厚的产品增加产生空穴和气孔的可能性,大大削弱产品的刚性及强度。

最理想的壁厚分布无疑是切面在任何一个地方都是均一的厚度,如图3-2所示,但为满足功能上的需求以致壁厚有所改变总是无可避免的。在此情形,由厚壁的地方过渡到薄壁的地方应尽可能顺滑。太突然的壁厚过渡转变会导致因冷却速度不同和产生乱流而造成尺寸不稳定和表面问题。

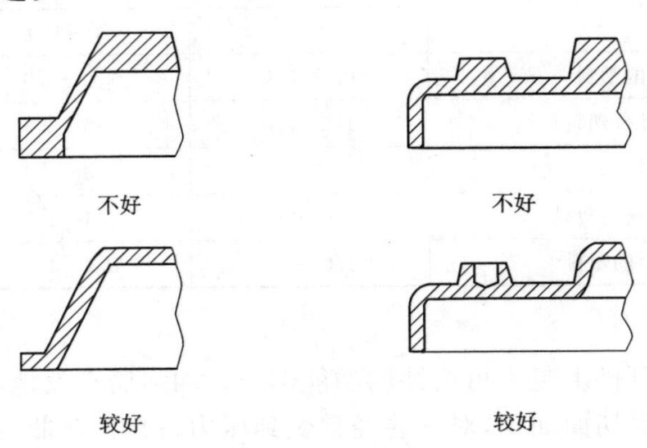

图3-2　壁厚设计示意图

对一般热塑性塑料来说,壁厚尽可能控制在2～4mm之间;对一般热固性塑料来说,太薄的产品厚度往往导致操作时产品过热,形成废件,壁厚一般在1～6mm之间选择,最大不超过 13mm。一些容易流动的热固性塑料如环氧树脂等，如厚薄均匀，最小的厚度可达 0.25mm，但一般不应小于 0.6～0.9mm。

此外，采用固化成型的生产方法时，流道、浇口和零件的设计应使塑料由厚壁的地方流向薄壁的地方。这样使模腔内有适当的压力以减少在厚壁的地方出现缩水及避免模腔不能完全充填的现象。若塑料的流动方向是从薄壁的地方流向厚壁的地方，则应采用结构性发泡的生产方法来减低模腔压力。

不同的塑料物料有不同的流动性。壁厚过厚的地方会有收缩现象，壁厚过薄的地方塑料不易流过。表 3-2 和表 3-3 是一些热塑性塑料和热固性塑料厚度，可供参考。

表 3-2　热塑性塑料最小壁厚及参考壁厚(mm)

塑料种类	制件流程 50mm 的最小壁厚	一般制件壁厚	大型制件壁厚
聚酰胺	0.45	1.75～2.60	2.4～3.2
聚苯乙烯	0.75	2.25～2.60	3.2～5.4
改性聚乙烯	0.75	2.29～2.60	3.2～5.4
有机玻璃	0.80	2.50～2.80	4.0～6.5
聚甲醛	0.80	2.40～2.60	3.2～5.4
软聚氯乙烯	0.85	2.25～2.50	2.4～3.2
聚丙烯	0.85	2.45～2.75	2.4～3.2
氯化聚醚	0.85	2.35～2.80	2.5～3.4
聚碳酸酯	0.95	2.60～2.80	3.0～4.5
硬聚氯乙烯	1.15	2.60～2.80	3.2～5.8
聚苯醚	1.20	2.75～3.10	3.5～6.4
聚乙烯	0.60	2.25～2.60	2.4～3.2

表 3-3　热固性塑料最小壁厚及参考壁厚(mm)

塑料名称	塑件外形高度		
	<50	50～100	>100
粉状填料的酚醛塑料	0.7～2.0	2.0～3.0	5.0～6.5
纤维状填料的酚醛塑料	1.5～2.0	2.5～3.5	6.0～8.0
氨基塑料	1.0	1.3～2.0	3.0～4.0
聚酯玻璃纤维填料的塑料	1.0～2.0	2.4～3.2	>4.8
聚酯无机物填料的塑料	1.0～2.0	3.2～4.8	>4.8

3. 加强筋

加强筋在塑料零部件上是不可或缺的功能部分。加强筋有效地增加产品的刚性和强度而无需大幅增加产品切面面积，对一些经常受到压力、扭力、弯曲的塑料产品尤其适用。此外，加强筋更可充当内部流道，有助于模腔充填，对帮助塑料流入零件的枝节部分有很大的作用。

加强筋一般被放在塑料产品的非接触面，其伸展方向应与产品最大应力和最大偏移量的方向一致，选择加强筋的位置也受制于一些生产上的考虑，如模腔充填、缩水及脱模等。

加强筋的长度可与产品的长度一致,两端相接产品的外壁,或只占据产品部分的长度,用以局部增加产品某部分的刚性。要是加强筋没有接上产品外壁,末端部分也不应突然终止,应该渐进地将高度降低,直至完结,从而减少出现困气、填充不满及烧焦痕等问题,这些问题经常发生在排气不足或封闭的位置上,如图 3-3 所示。

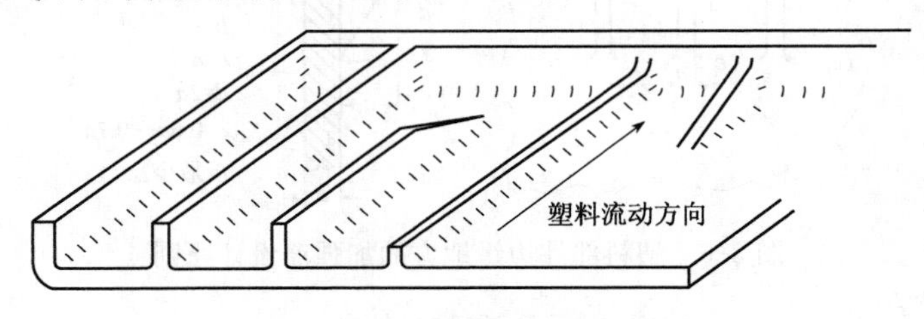

图 3-3　加强筋设计示意图

加强筋最简单的形状是一条长方形的柱体附在产品的表面上,不过为了满足一些生产上或结构上的考虑,加强筋的形状及尺寸须改变成如图 3-4(b)所示。

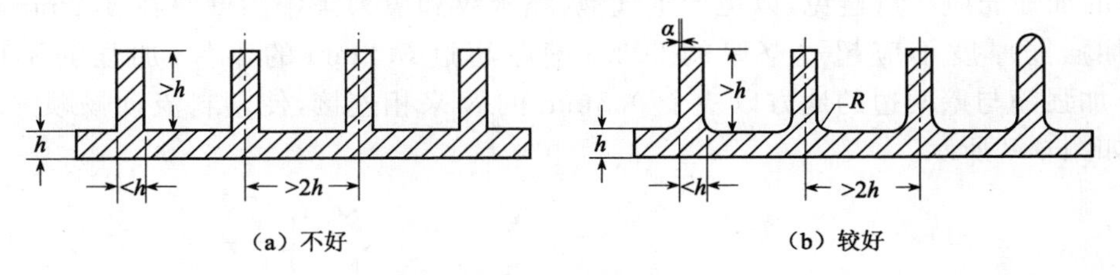

图 3-4　加强筋形状的改进

从生产的角度考虑,使用大量短而窄的加强筋比使用数个高而阔的加强筋好。模具生产时(尤其是首办模具),加强筋的阔度(也有可能深度)和数量应尽量留有余额,当试模时发觉产品的刚性及强度有所不足时可适当地增加,因为在模具上去除钢料比使用烧焊或加上插入件等增加钢料的方法来得简单及便宜,图 3-5 为加强筋设计原则示意图。

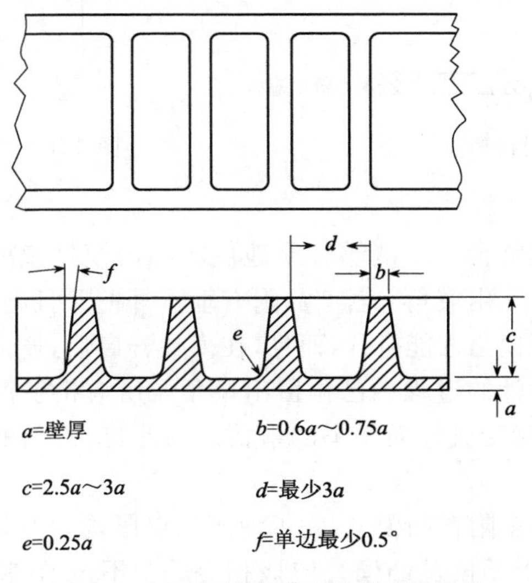

图 3-5　加强筋增强塑料件强度的方法

加强筋也可以置于塑料部件边缘的地方，以利于塑料流入边缘的空间，设计原则如图 3-6 所示。

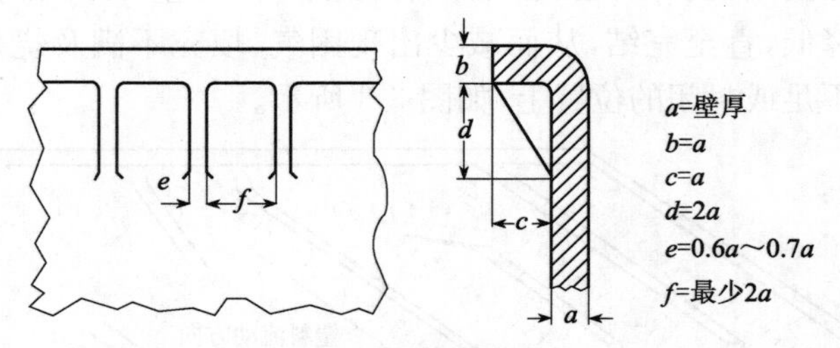

图 3-6　塑料部件边缘地方的加强筋设计原则

单独的加强筋高度不应是加强筋底部厚度的 3 倍或以上。在任何一条加强筋的后面，都应该设置一些小加强筋或凹槽，因加强筋在冷却时会在背面造成凹痕，用这些加强筋和凹槽可以作装饰用途而消除缩水的缺陷，如图 3-7 所示。

厚的加强筋应尽量避免，以免产生气泡、缩水纹和应力集中。壁厚在 3.2mm 以下的零件，加强筋厚度不应超过壁厚的 60%；壁厚超过 3.2mm 的零件，加强筋不应超过 40%。加强筋与壁两边的地方以一个 0.5mm 的 R 来相连接，使塑料流动畅顺并减低内应力，如图 3-8 所示。

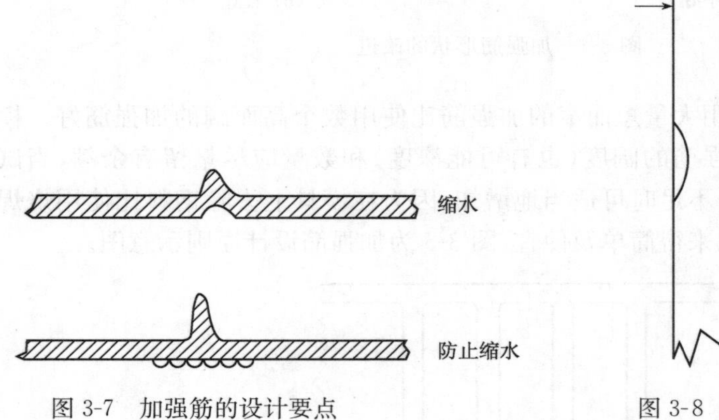

图 3-7　加强筋的设计要点　　　　图 3-8　加强筋的设计要点图

4. 出模角

塑料产品在设计上通常会为了能够轻易地使产品由模具脱离出来而在边缘的内侧和外侧各设有一个倾斜角——出模角。若产品附有垂直外壁并且与开模方向相同，则模具在塑料成型后需要很大的开模力才能打开，而且，在模具开启后，产品脱离模具的过程也十分困难。若该产品在产品设计的过程中已预留出模角及所有接触产品的模具零件在加工过程中经过高度抛光，脱模就变成轻而易举的事情。因此，出模角的考虑在产品设计的过程中是不可缺少的。

因注射件冷却收缩后多附在凸模上，为了使产品壁厚均匀及防止产品在开模后附在较热的凹模上，出模角对应于凹模及凸模是应该相等的。不过，在特殊情况下若要求产品开模后附在凹模时，可将相接凹模部分的出模角尽量减少，或刻意在凹模加上适量的倒扣位。

出模角的大小没有一定的准则，多数是凭经验和依照产品的深度来决定。表 3-4 给出了常用塑料出模角，可供参考。此外，成型的方式、壁厚和塑料的选择也在考虑之列。一般来说，高度抛光的外壁可使用 1/8°或 1/4°的出模角。深入或附有织纹的产品要求出模角相应的增加，习惯上每 0.025mm 深的织纹，便需要额外 1°的出模角。

表 3-4　常用塑料的出模角

塑 料 名 称	脱模斜度	
	型腔	型芯
聚乙烯、聚丙烯、软聚氯乙烯、聚酰胺、氯化聚醚、聚碳酸酯、聚砜	25′～45′	20′～45′
硬聚氯乙烯、聚碳酸酯、聚砜	35′～40′	30′～50′
聚苯乙烯、有机玻璃、ABS、聚甲醛	35′～1°35′	30′～40′
热固性塑料	25′～40′	20′～50′

注：本表所列脱模斜度适用于开模后塑件留在型芯上的情况。

5. 支柱

支柱突出壁厚之外，是用来装配产品、隔开对象及支撑承托其他零件的。空心的支柱可以用来嵌入件、收紧螺丝等。这些应用均要有足够强度支持压力而不至于破裂。

支柱尽量不要单独使用，应尽量连接至外壁或与加强筋一同使用，目的是加强支柱的强度及使物料流动更顺畅。此外，因过高的支柱会导致塑料零件成型时困气，所以支柱高度一般是不会超过支柱直径的 2.5 倍。加强支柱尤其是远离外壁支柱强度的方法，除了可使用加强筋外，三角加强块的使用也十分常见，如图 3-9 所示。

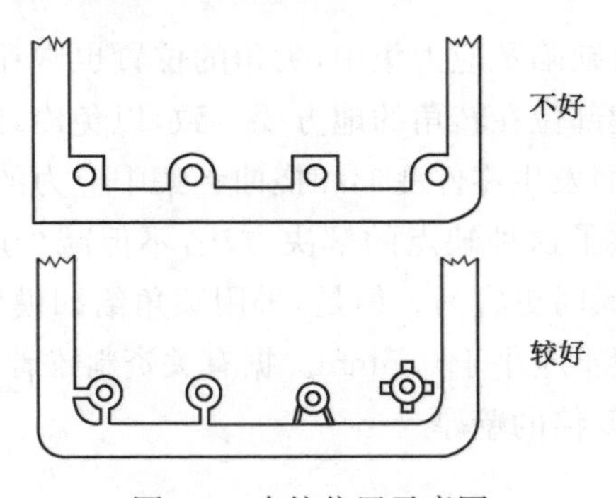

图 3-9　支柱位置示意图

一个品质好的螺丝与支柱设计组合取决于螺丝的机械特性及支柱孔的设计，一般塑料产品的料厚尺寸不足以承受大部分紧固件产生的应力。因此，从装配的考虑来看，局部增加物料厚度是有必要的。但是，这会导致不良的影响，如形成缩水痕、空穴，或增加内应力。因此，支柱的导入孔及穿孔的位置应与产品外壁保持一段距离。可使支柱远离外壁独立存在或使用加强筋连接外壁，后者不但增加支柱的强度以支撑更大的扭矩及弯矩，更有助于塑料填充及减少因困气而出现烧焦的情况。同样理由，远离外壁的支柱也应辅以三角加强块，三角加强块对改善薄壁支柱的塑料流动性特别适用。

收缩痕的大小取决于塑料的收缩率、成型工序的参数控制、模具设计及产品设计。增加底部弧度尺寸、加厚的支柱壁或外壁尺寸均不利于收缩痕的减少；支柱的强度及抵受外力的能力随着底部弧度尺寸或壁厚尺寸的增加而增加。因此，支柱的设计需要从这两方面取得平衡，如图 3-10 和图 3-11 所示。

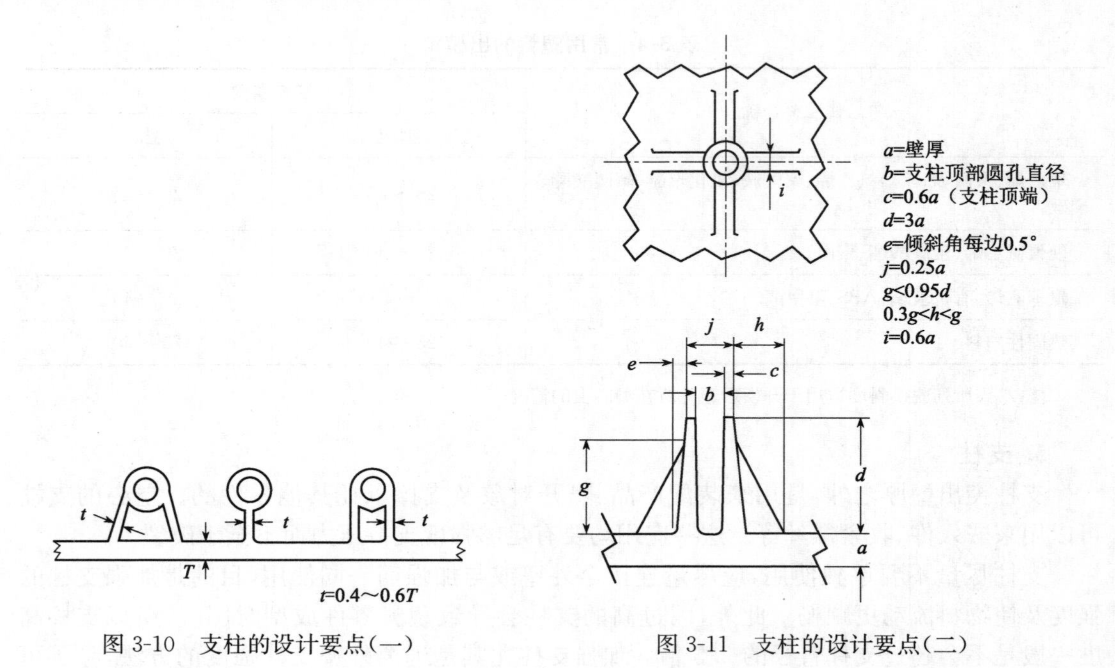

图 3-10　支柱的设计要点(一)　　　图 3-11　支柱的设计要点(二)

6. 塑件的圆角

尖角通常会导致零件有缺陷及应力集中，尖角的位置也常在电镀过程后引起不希望的物料聚积。壁厚均一的关键部位在转角的地方要一致，以免冷却时间不均匀。冷却时间长的地方就会有收缩现象，因而发生零件变形和挠曲。集中应力的地方会在受负载或撞击的时候破裂。较大的圆角提供了这种缺点的解决方法，不但减少应力集中的因素，且令流动的塑料流得更畅顺，成品脱模时更容易。但是，采用圆角给凹模型腔加工带来麻烦，使钳工劳动量增大。圆角半径一般不应小于 0.5mm。据有关资料推荐，内壁圆角半径可取壁厚的一半，外壁圆角半径可取 1.5 倍的壁厚。

7. 孔

塑料件上开孔使其和其他部件相接合或增加产品功能上的组合是常用的手法，孔的大小及位置应尽量不会对产品的强度构成影响或增加生产的复杂性，孔的基本类型如图 3-12 所示。

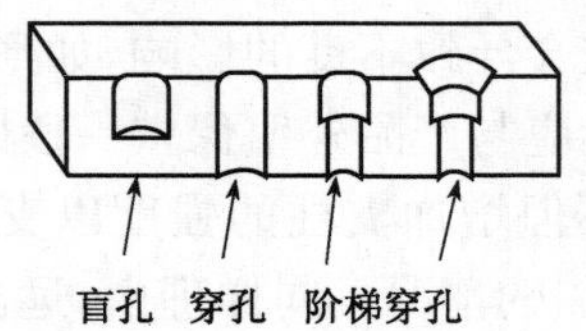

图 3-12　孔的类型

相连孔的距离或孔与相邻产品直边之间的距离不可小于孔的直径。与此同时,孔的壁厚应尽量大,否则通孔位置容易产生断裂的情况。要是孔内附有螺纹,设计上的要求即变得复杂,因为螺纹的位置容易形成应力集中的地方。从经验所得,要使螺孔边缘的应力集中系数减低至一安全的水平,螺孔边缘与产品边缘的距离必须大于螺孔直径的 3 倍。热固性塑料两孔之间及孔与边壁之间的间距与孔径的关系见图 3-13 和表 3-5。

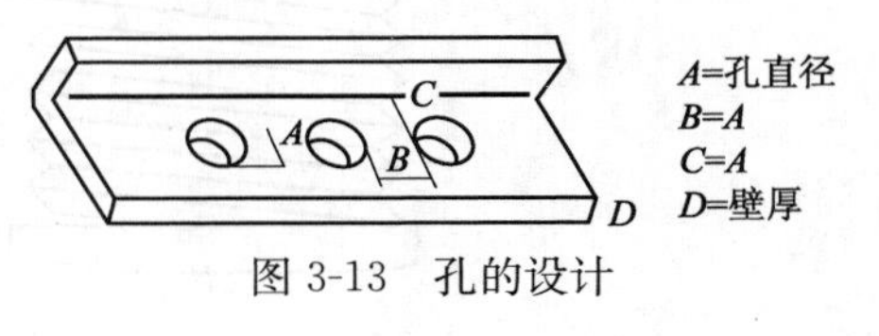

图 3-13　孔的设计

表 3-5　热固性塑料孔间距、孔边距和孔径的关系(mm)

孔径	<1.5	1.5～3	3～6	6～10	10～18	18～30
孔间距与孔边距	1～1.5	1.5～2	2～3	3～4	4～5	5～7

8. 螺纹

塑件上的螺纹既可直接用模具成型,也可在成型后用机械加工成型。对于需要经常装拆和受力较大的螺纹,应采用金属螺纹嵌件。塑料上的螺纹应选用较大的螺牙尺寸,直径较小时也不宜选用细牙螺纹,否则会影响使用强度。表 3-6 列出塑件螺纹的使用范围。

塑件上螺纹的直径不宜过小,螺纹的外径不应小于 4mm,内径不应小于 2mm,精度不超过 3 级。如果模具上螺纹的螺距未考虑收缩值,那么塑件螺纹与金属螺纹的配合长度则不能太长,一般不大于螺纹直径的 1.5～2 倍,否则会因干涉造成附加内应力,使螺纹连接强度降低。

表 3-6　塑件螺纹的选用范围

螺纹公称直径(mm)	螺　纹　种　类				
	公称标准螺纹	1 级细牙螺纹	2 级细牙螺纹	3 级细牙螺纹	4 级细牙螺纹
≤3	+	—	—	—	—
3～6	+	—	—	—	—
6～10	+	+	—	—	—
10～18	+	+	+	—	—
18～30	+	+	+	+	—
30～50	+	+	+	+	+

注:表中+、—为建议采用的范围。

为了防止螺纹最外圈崩裂或变形,应使螺纹最外圈和最里圈留有台阶,如图 3-14 和图 3-15 所示。螺纹的始端或终端应逐渐开始和结束,有一段过渡长度 l。

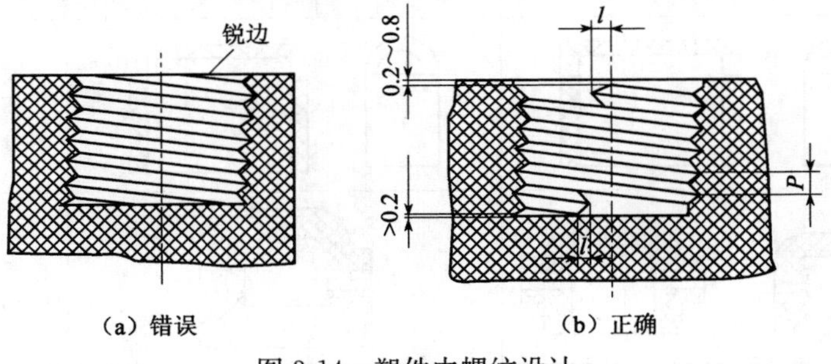

图 3-14　塑件内螺纹设计

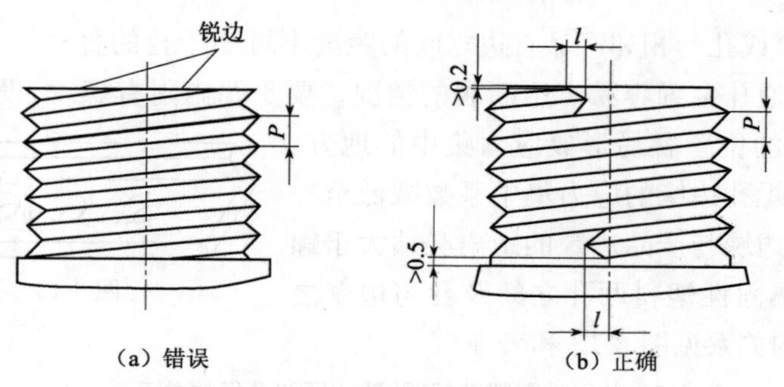

图 3-15　塑件外螺纹设计

9. 标记、符号或文字

塑件上的标记、符号或文字可以做成三种不同的形式,如图 3-16 所示。

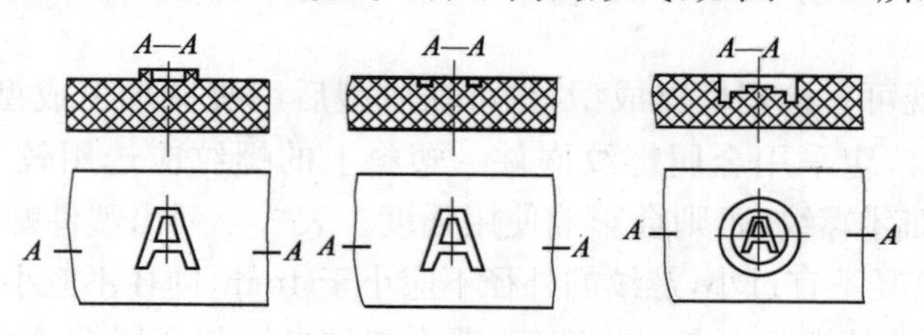

图 3-16　塑件上的标记

第一种为塑件上是凸字,它在模具制造时比较方便,因为模具上的字是凹入的,可以用机械加工方法将字刻在模具上,但凸字在塑件抛光或使用过程中容易磨损。第二种为塑件上是凹字,它可以填上各种颜色的油漆,使字迹更为鲜明,但由于模具上的字是凸起的,使模具制造困难。第三种为塑件上是凸字,在凸字周围带有凹入的装饰框,即凹坑凸字,此时可用单个凹字模,然后将它镶入模具中,采用这种形式后,塑件上的凸字无论在抛光或使用时都不易因碰撞而损坏。为了使塑件表面美观可以通过在塑件表面设计各种图案及色彩来装饰。有时可在塑件成型后粘上或烫印上各种图案。另外,塑件上的止转凸凹、标记、符号及文字(包括所贴的标签等)也起到了一定装饰效果。

3.1.3　塑件结构优化举例

塑件结构优化举例见表 3-7、表 3-8 和表 3-9。

表 3-7　改变塑件形状以利于塑件成型

序　号	不　合　理	合　　理	说　　明
1			改变塑件形状后,则不需要采用侧抽式或瓣合式分型的模具
2			应避免塑件表面横向凸台,以便于脱模

续表

序号	不合理	合理	说明
3	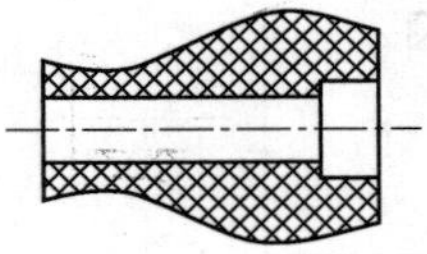	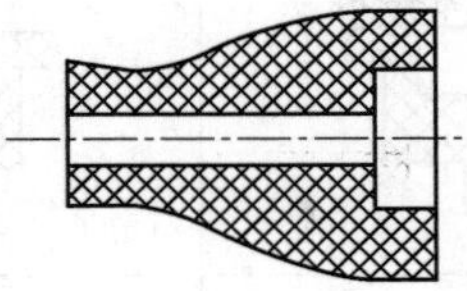	塑件外侧凹,必须采用瓣合凹模,使塑件模具结构复杂,塑件表面有结痕
4	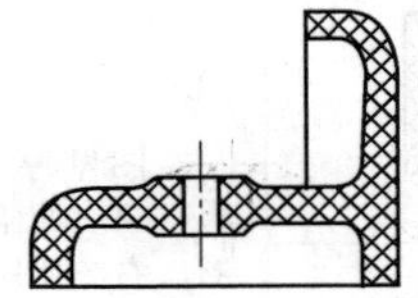	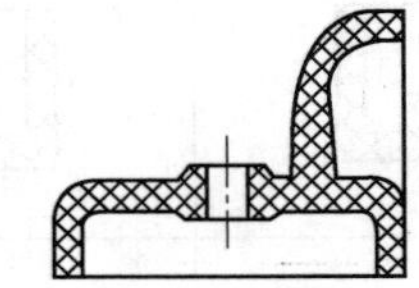	塑件内侧凹,抽芯困难
5	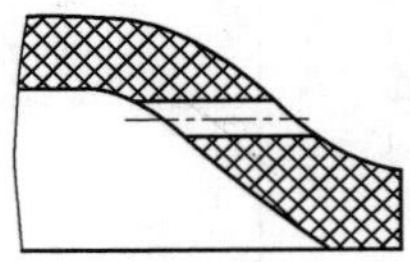	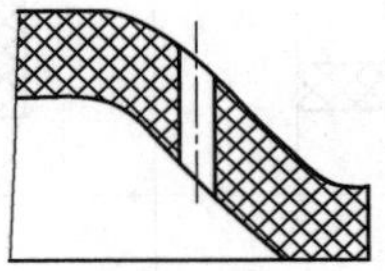	将横向侧孔改为垂直向孔,可免去侧抽芯机构

表3-8　加强筋设计的典型实例

序号	不合理	合理	说明
1	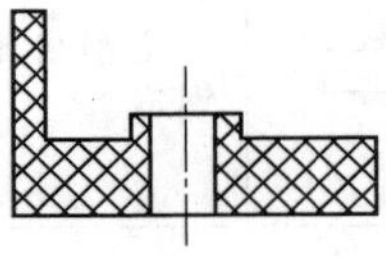	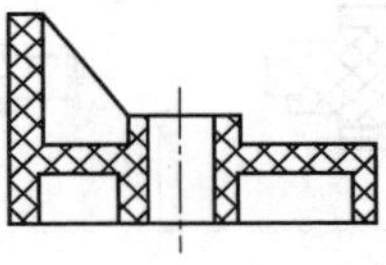	过厚处应减薄并设置加强筋以保持原有强度
2	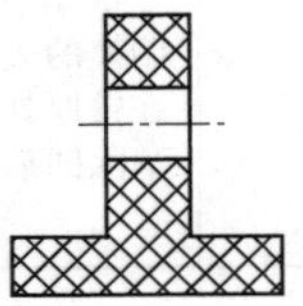	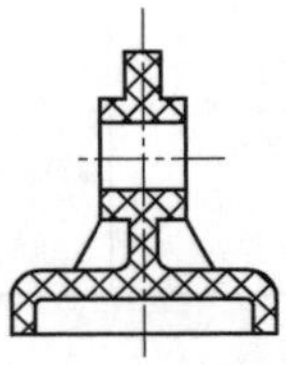	过高的塑件应设置加强筋,以减薄塑件壁厚
3	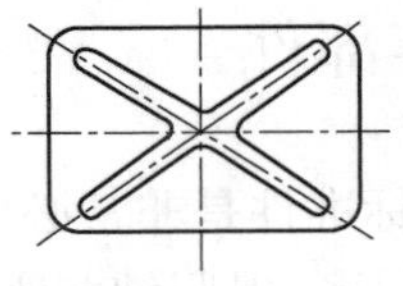	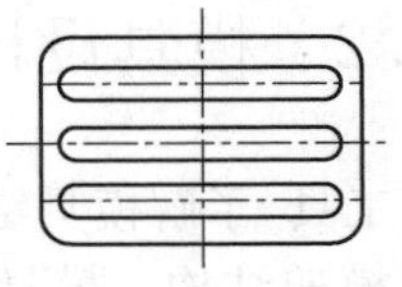	平板状塑件,加强筋应与料流方向平行,以免造成充模阻力过大和降低塑件韧性
4	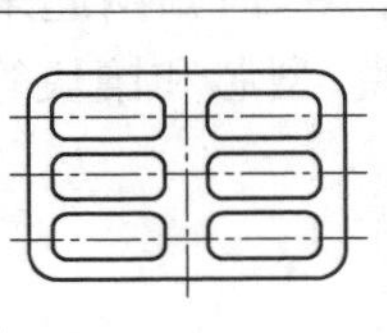	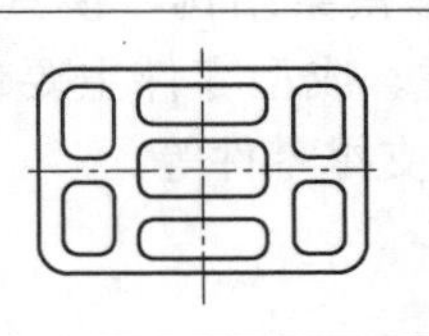	非平板状塑件,加强筋应交错排列,以免塑件产生翘曲变形
5	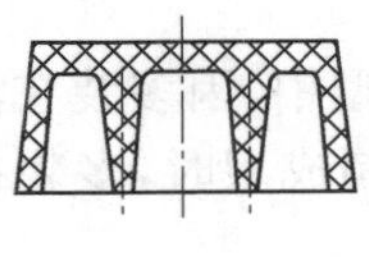	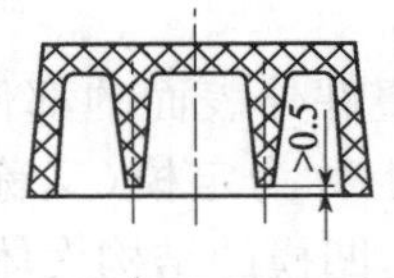 >0.5	加强筋应设计得矮一些,与支撑面的间隙应大于0.5mm

表 3-9 改善塑件壁厚的典型实例

序号	不合理	合理	说明
1	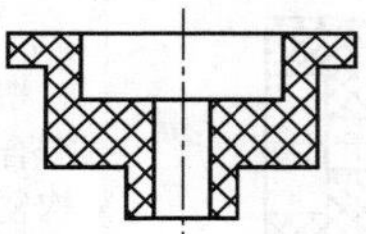	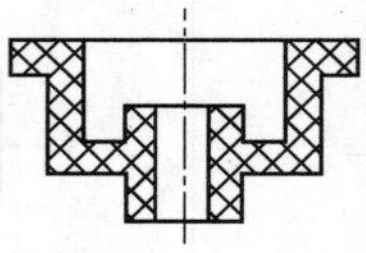	左图壁厚不均匀,易产生气泡、缩孔、凹陷等缺陷,使塑件变形。右图壁厚均匀,能保证塑件质量
2	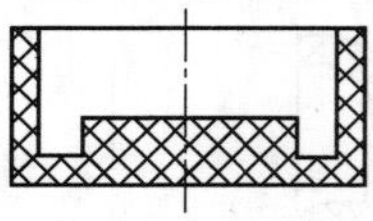	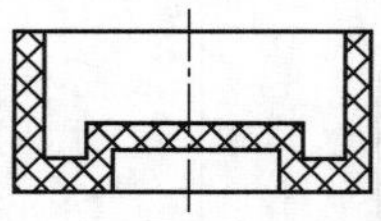	
3	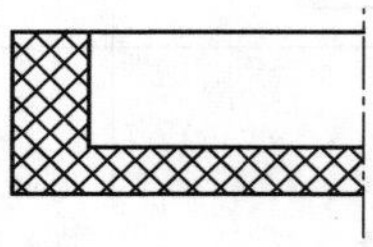	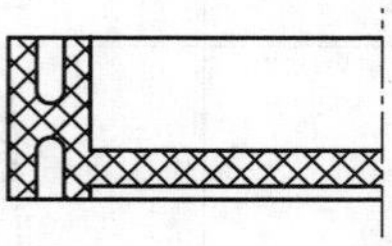	
4	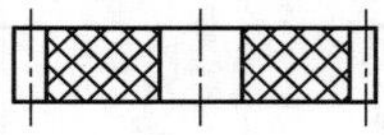	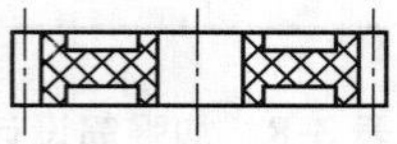	
5	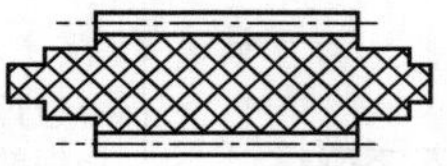	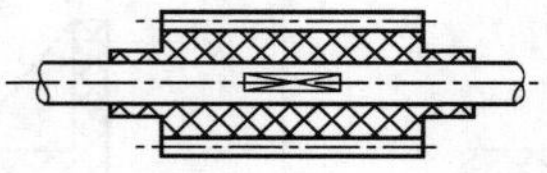	全塑齿轮轴应在中心设置钢芯
6	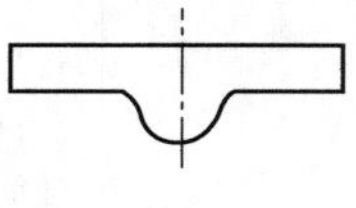	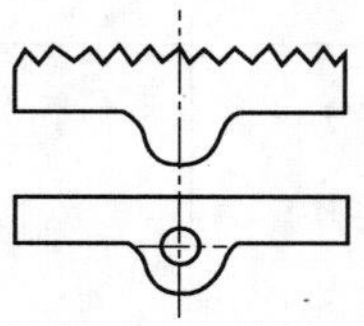	壁厚不均匀塑件,可在易产生凹痕的表面设计成波纹形式或在壁厚处开设工艺孔,以掩盖或消除凹痕

3.2 模具设计的基本零部件

模具是塑件成型的主要工具,了解模具结构及其常用标准件是非常必要的。如图 3-17 所示是一套完整的三维图形模架结构。模具零件的形式很多,但归纳起来,不外乎两大类型,即成型零件和结构零件。成型零件主要包括凸模、凹模、型芯和镶块等,结构零件主要包括导柱、导套、顶出装置、支撑零件等。

3.2.1 凹模

1. 结构设计

凹模又称阴模,是成型塑件外表面的部件。在注射成型中,因多装在注射机的定压板(又称静压板)上,所以习惯上称为定模(又称静模);在压制成型时,多装在压机的下压台上,所以习惯上称为下压模。凹模的结构大体有三种形式。

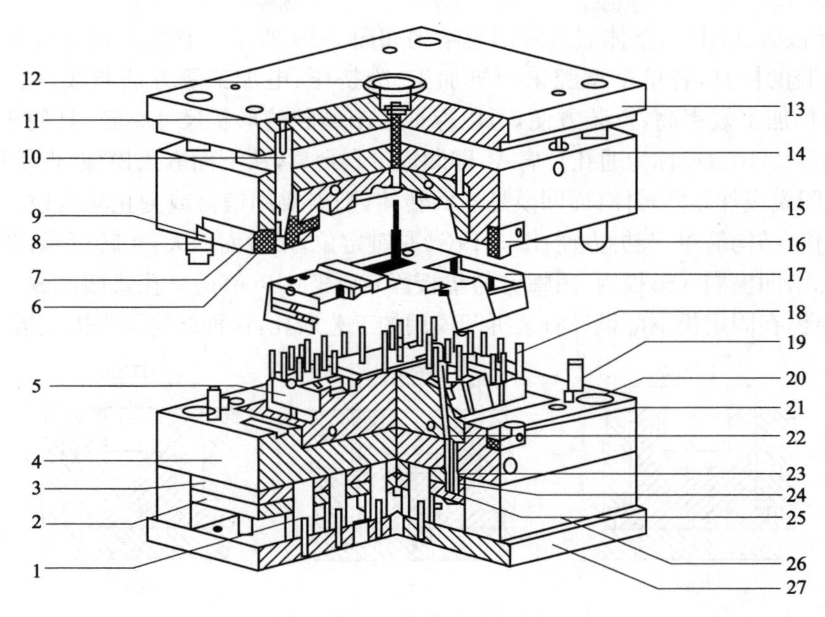

图 3-17　三维图形模架结构

1—支撑柱;2—顶出板垫板;3—顶出板;4—凸模固定板;5—凸模;6—滑块;7、25—耐磨块;8—导柱;9—压板;10—垫块;11—浇口套;12—定位环;13—定模板;14—型腔板;15—凹模;16—上定位块;17—成型零件;18—顶杆;19—圆柱销;20—导套;21—下定位块;22—斜销;23—引导块;24—斜销座;26—模脚;27—动模板

(1)整体式凹模

由整块材料加工制成的整体式凹模,如图 3-18 所示。整体式凹模的优点是:强度大,塑件上不会产生拼模缝痕迹。一般中小型凹模采用整体式。大型模具采用整体式凹模的缺点是:不便于机械加工,切削量太大,造成钢材浪费,热处理不便,搬运不便,延长制模周期,成本增高。

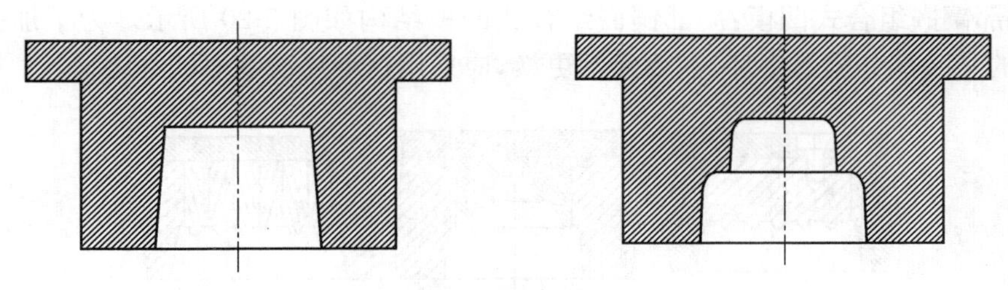

图 3-18　整体式凹模

(2)组合式凹模

组合式凹模结构是指凹模是由两个以上的零部件组合而成的。按组合方式不同,组合式凹模结构可分为整体嵌入式、局部镶嵌式、底部镶拼式凹模、侧壁镶嵌式和四壁拼合式等形式。

采用组合式凹模,可简化复杂凹模的加工工艺,减少热处理变形,拼合处有间隙,利于排气,便于模具的维修,节省贵重的模具钢。为了保证组合后凹模尺寸的精度和装配的牢固,减少塑件上的镶拼痕迹,要求镶块的尺寸、形位公差等级较高,组合结构必须牢固,镶块的机械加工、工艺性要好。因此,选择较好的镶拼结构是非常重要的。

① 整体嵌入式凹模：整体嵌入式凹模结构如图 3-19 所示。它主要用于成型小型塑件，而且是多型腔的模具，各单个型腔采用机加工、冷挤压、电加工等方法制成，然后压入模板中。这种结构加工效率高，拆装方便，可以保证各个型腔的形状尺寸一致，且便于热处理。

图 3-19(a)、(b)、(c)称为通孔台肩式，即凹模带有台肩，从下面嵌入模板，再用垫板与螺钉紧固。如果凹模嵌件是回转体，而凹模是非回转体，则需要用销钉或键止转定位。图 3-19(b)采用销钉定位，结构简单，装拆方便；图 3-19(c)是键定位，接触面积大，止转可靠；图 3-19(d)是通孔无台肩式，凹模嵌入模板内，用螺钉与垫板固定；图 3-19(e)是盲孔式凹模嵌入固定板，直接用螺钉固定，在固定板下部设计有装拆凹模用的工艺通孔，这种结构可省去垫板。

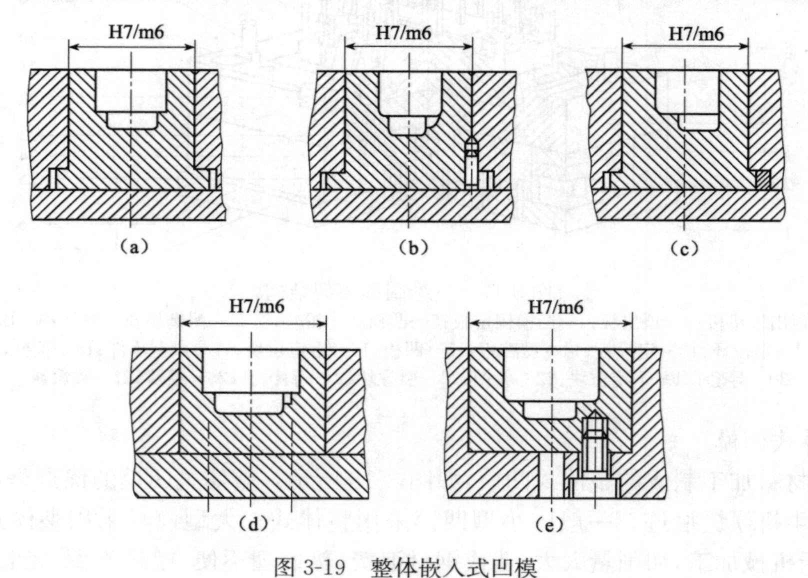

图 3-19 整体嵌入式凹模

② 局部镶嵌组合式凹模：局部镶嵌组合式凹模结构如图 3-20 所示。为了加工方便或由于凹模的某一部分容易损坏，需要经常更换，应采用这种局部镶嵌的办法。

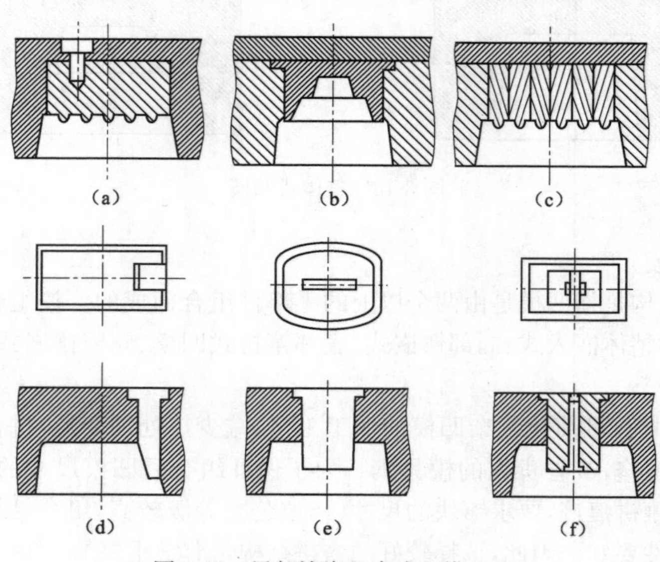

图 3-20 局部镶嵌组合式凹模(一)

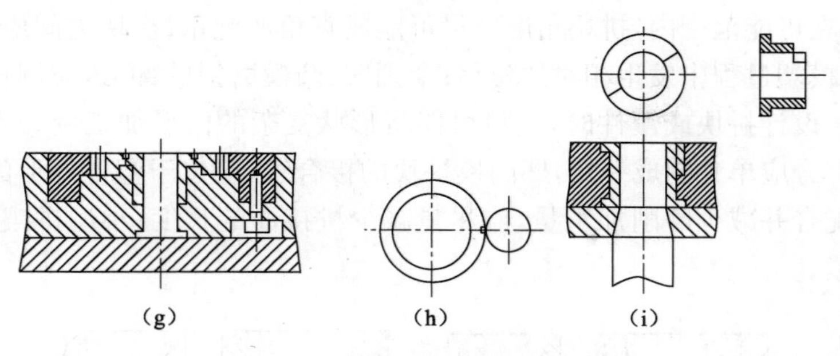

图 3-20　局部镶嵌组合式凹模(二)

图 3-20(a)、(b)、(c)所示凹模内有局部凸起，可将此凸起部分单独加工，再把加工好的镶块镶在凹模内；图 3-20(d)、(e)、(f)是利用局部镶块解决凹模内的凸起问题；图 3-20(g)、(h)、(i)是采用多个镶块进行拼合组成复杂形状凹模的情况。

③ 底部镶拼式凹模：底部镶拼式凹模的结构如图 3-21 所示。为了机械加工、研磨、抛光、热处理方便，形状复杂的凹模底部可以设计成镶拼式结构。

选用这种结构时应注意磨平结合面，抛光时应仔细，以保证结合处锐棱(不能带圆角)影响脱模。此外，底板还应有足够的厚度以免变形而进入塑料。

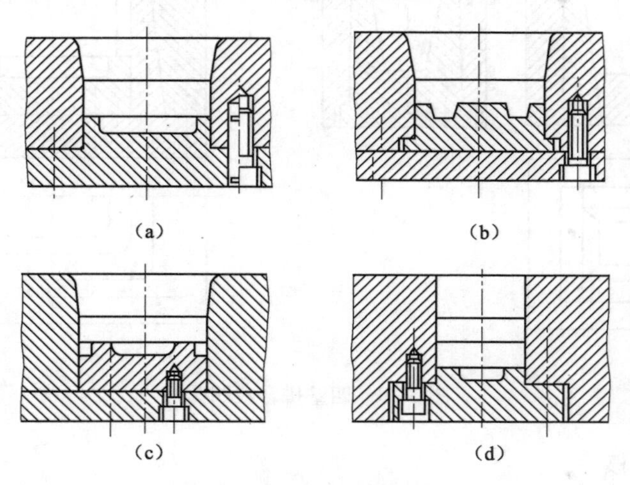

图 3-21　底部镶拼式凹模

④ 侧壁镶拼式凹模：侧壁镶拼式凹模如图 3-22 所示。这种方式便于加工和抛光，但是一般很少采用。这是因为在成型时，熔融的塑料成型压力使螺钉和销钉产生变形，从而达不到产品的技术要求指标。

⑤ 四壁拼合式凹模：四壁拼合式凹模如图 3-23 所示。四壁拼合式凹模适用于大型和形状复杂的型腔，可以把它的四壁和底板分别加工经研磨后压入模架中。为了保证装配的准确性，侧壁之间采用锁扣连接，连接处外壁留有 0.3～0.4mm 的间隙，以使内侧接缝紧密，减少塑料的挤入。

综上，设计组合式凹模时，应注意下列各点：拼块件数应最少，以减少装配工作量和塑件上过多的拼缝痕迹；拼接缝应尽量与塑件脱模方向一致，以免渗入的塑料妨碍塑件脱模；

拼块应无锐角，在可能范围内，拼块角度应尽可能成直角或钝角；拼块之间应尽量采用凹凸槽嵌接，防止在模塑过程中发生相对的位移；个别凹、凸模磨损的部分，应制成独立件，以便于加工和更换。设计拼块或镶件时，应尽可能将形状复杂的内形加工变为外形加工；塑件外形上的圆弧部分应单独制成一块，凹凸模拼块的接合线，应位于塑件外形的部分；为使拼块接合面正确配合并减少磨削加工量，应尽量减少拼接面的长度；小型拼镶式凹模应当用坚固的模套箍紧。

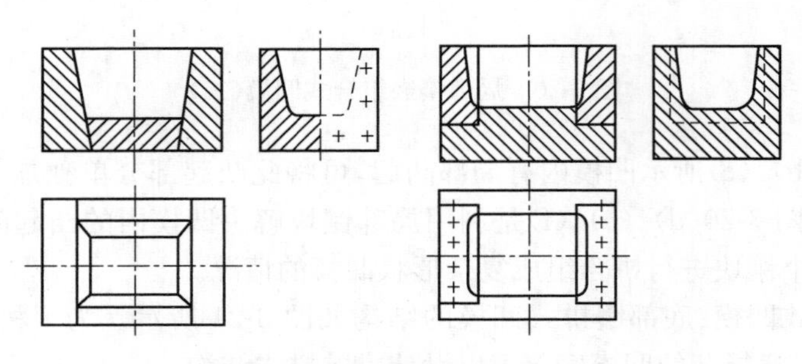

图 3-22　侧壁镶拼式凹模

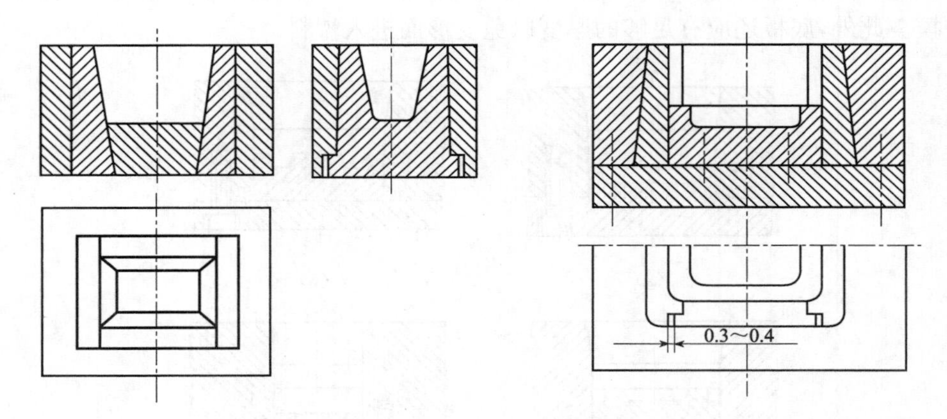

图 3-23　四壁拼合式凹模

2. 凹模强度校核

在塑料模塑过程中，凹模所承受的应力是变化的，因此，要计算凹模的真实强度是十分复杂的。就注射成型而论，凹模所承受的力大体有下列四种：①合模时的压应力；②模内塑料流动压力；③浇口封闭前一瞬间的保压压力；④开模时的拉应力。

然而，凹模内部所受的力主要是②、③两项，所以，在模具设计时，要考虑模内应力保持在许可范围内。不使凹模侧壁产生超过规定限度的变形。凹模变形越大，充模的物料就越多，不仅会造成溢料，而且在物料冷却、收缩时，随着模腔压力下降，凹模侧壁就要弹性回复，塑件将被紧夹在凹模之内而难以脱模。变形大也影响塑件的尺寸精度。为了确保凹模不致受压破裂，凹模处必须具有足够的机械强度。因此，在确定凹模壁厚时，应当分别从强度条件和刚度条件来计算，以便相互校验。

常用的凹模侧壁和底板厚度的计算公式，综合列于表 3-10。

表 3-10　凹模侧壁和底板厚度的计算公式

类型		图	部位	按强度计算	按刚度计算
圆形凹模	整体式	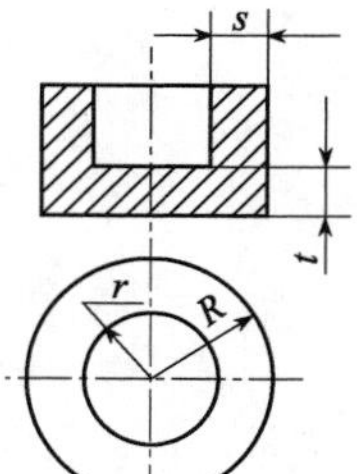	侧壁	$s \geqslant r\left(\sqrt{\frac{[\sigma]}{[\sigma]-2p}}-1\right)$ (3-4)	$s \geqslant 1.15\sqrt[3]{\frac{ph_1^{4}}{E[\delta]}}$ (3-5)
			底板	$t \geqslant 0.87\sqrt{\frac{pr^2}{[\sigma]}}$ (3-6)	$t \geqslant 0.56\sqrt[3]{\frac{pr^4}{E[\delta]}}$ (3-7)
	组合式	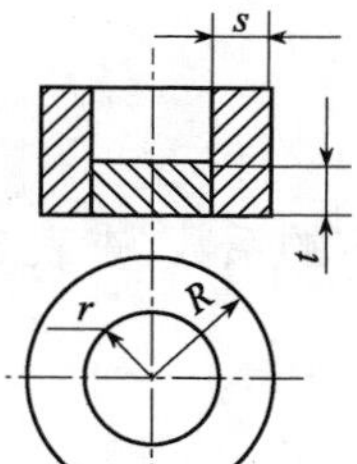	侧壁	$s \geqslant r\left(\sqrt{\frac{[\sigma]}{[\sigma]-2p}}-1\right)$ (3-8)	$s \geqslant r\left(\sqrt{\frac{1-\mu+\frac{E[\delta]}{rp}}{\frac{E[\delta]}{rp}-\mu-1}}-1\right)$ (3-9)
			底板	$t \geqslant \sqrt{\frac{1.22pr^2}{[\sigma]}}$ (3-10)	$t \geqslant \sqrt[3]{0.74\frac{pr^4}{E[\delta]}}$ (3-11)
矩形凹模	整体式	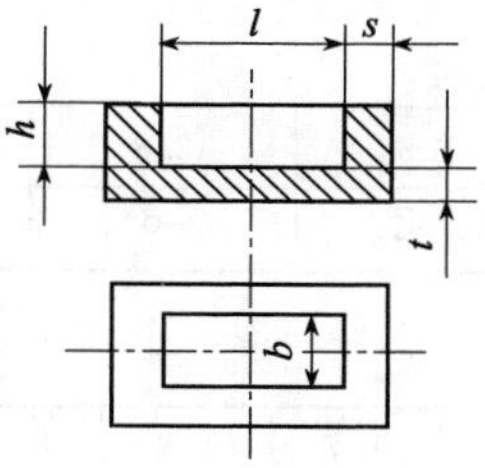	侧壁	当$\frac{H_1}{l}<0.41$时 $s \geqslant \sqrt{\frac{pl^2(1+Wa)}{2[\sigma]}}$ (3-12) 当$\frac{H_1}{l}\geqslant 0.41$时 $s \geqslant \sqrt{\frac{3pH_1^{2}(1+Wa)}{2[\sigma]}}$ (3-13)	$s \geqslant \sqrt[3]{\frac{cpH_1^{4}}{E[\delta]}}$ (3-14)
			底板	$t \geqslant \sqrt{\frac{a'pb^2}{[\sigma]}}$ (3-15)	$t \geqslant \sqrt[3]{\frac{c'pb^4}{E[\delta]}}$ (3-16)
	组合式	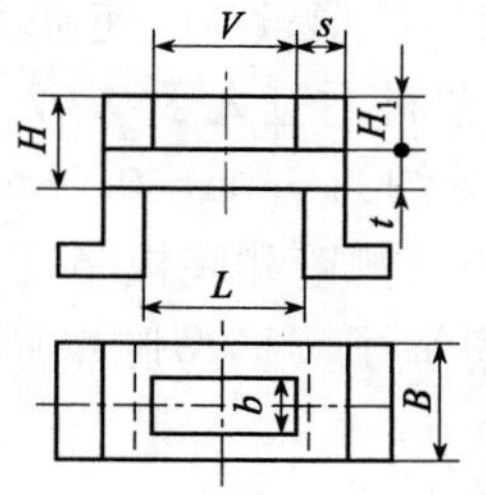	侧壁	$s \geqslant \sqrt{\frac{pH_1l^2}{2H[\sigma]}}$ (3-17)	$s \geqslant \sqrt[3]{\frac{pH_1l^4}{32EH[\delta]}}$ (3-18)
			底板	$t \geqslant \sqrt{\frac{3pbl^2}{4B[\sigma]}}$ (3-19)	$t \geqslant \sqrt[3]{\frac{5pbL^4}{32EB[\delta]}}$ (3-20)

式中　s——型腔侧壁厚度,mm;

p——型腔内熔体的压力,MPa;

H_1——承受熔体压力的侧壁高度,mm;

l——型腔侧壁长边长,mm;

h_1 ——自由膨胀与约束膨胀的分界点高度，mm；

E ——钢的弹性模量，取 2.06×10^5 MPa；

H ——型腔侧壁总高度，mm；

$[\delta]$ ——允许变形量，mm；

r ——型腔内壁半径，mm；

b ——矩形型腔侧壁的短边长，mm；

h ——矩形底板(支撑板)的厚度，mm；

B ——底板总宽度，mm；

L ——双模脚间距，mm；

a ——矩形成型型腔的边长比，$a=\dfrac{b}{l}$；

c ——由 H_1/l 决定的系数，查表 3-11；

a' ——由模脚(垫块)之间距离和型腔短边长度比 l/b 决定的系数，查表 3-12；

c' ——由型腔长边比 l/b 决定的系数，查表 3-13。

表 3-11　系数 c、W 的值

H_1/t	0.3	0.4	0.5	0.6	0.7	0.8	0.9	1.0	1.2	1.5	2.0
c	0.903	0.570	0.330	0.188	0.117	0.073	0.045	0.031	0.015	0.006	0.002
W	0.108	0.130	0.148	0.163	0.176	0.187	0.197	0.205	0.210	0.235	0.254

表 3-12　系数 a′的值

l/b	1.0	1.2	1.4	1.6	1.8	2.8	>2.8
a'	0.3078	0.3834	0.4256	0.4680	0.4872	0.4974	0.5000

表 3-13　系数 c′的值

l/b	1.0	1.1	1.2	1.3	1.4	1.5	1.6	1.7	1.8	1.9	2.0
c'	0.0138	0.0164	0.0188	0.0209	0.0226	0.0240	0.0251	0.0260	0.0267	0.0272	0.0277

应用表 3-10 所列公式时，设最大安全型腔压力 62MPa。对于矩形凹模，根据模具的尺寸，其允许最大变形量 δ 为 0.13～0.25mm。如果是组合凹模，就要求变形量不应使拼块间隙增大而发生溢料现象。拼块间隙，对于聚苯乙烯、聚丙烯酸酯等类塑料不应大于 0.07～0.1mm；对于尼龙则不应大于 0.025mm；对于聚碳酸酯和硬聚氯乙烯等约为 0.06～0.08mm。

在工厂中，也常用经验数据或者有关表格来进行简化对凹模侧壁和底板厚度的设计。

表 3-14 列举了矩形型腔壁厚的经验推荐数据，表 3-15 列举了圆形型腔壁厚的经验推荐数据，可供设计时参考。

表 3-14　矩形型腔壁厚尺寸

矩形型腔内壁短边 b	整体式型腔壁厚 s	镶拼式型腔	
		凹模壁厚 s_1	模套壁厚 s_2
0～40	25	9	22
40～50	25～30	9～10	22～25

续表

矩形型腔内壁短边 b	整体式型腔壁厚 s	镶拼式型腔	
		凹模壁厚 s_1	模套壁厚 s_2
50～60	30～35	10～11	25～28
60～70	35～42	11～12	28～35
70～80	42～48	12～13	35～40
80～90	48～55	13～14	40～45
90～100	55～60	14～15	45～50
100～120	60～72	15～17	50～60
120～140	72～85	17～19	60～70
140～160	85～95	19～21	70～80

表 3-15　圆形型腔壁厚尺寸

圆形型腔内壁直径 $2r$	整体式型腔壁厚 $s=R-r$	组合式型腔	
		型腔壁厚 $s_1=R-r$	模套壁厚 s_2
0～40	20	8	18
40～50	25	9	22
50～60	30	10	25
60～70	35	11	28
70～80	40	12	32
80～90	45	13	35
90～100	50	14	40
100～120	55	15	45
120～140	60	16	48
140～160	65	17	52
160～180	70	19	55
180～200	75	21	58

3.2.2　凸模

凸模又称阳模，是成型塑件内表面的部件。在注射成型中，通常多装在注射机的动压板上，所以习惯上称为动模；在压制成型中，凸模多安装在压机的上压板上，所以习惯又称上模。由于注射成型中常常让塑件留在凸模上，所以凸模上装有顶出机构，以便塑件脱模。

大多数凸模制成整体式的，其机械加工较凹模便利，而且整体结构的强度也较大。

整体式凸模也分多种形式，如图 3-24 所示，是凸模模体和凸模底板做成一体的凸模。这种形式在小型模具中可以采用，但应用在大型模具中，钢材切削量过大，不仅浪费钢材而且加工也费时间，故不宜采用。

图 3-25 是装配底板的凸模。这种结构适用于中小型模具，但对大型模具而言，也是不

经济的,因为加工底板上的大孔很费工时,而且底板孔和凸模模体的精密配合也比较麻烦。

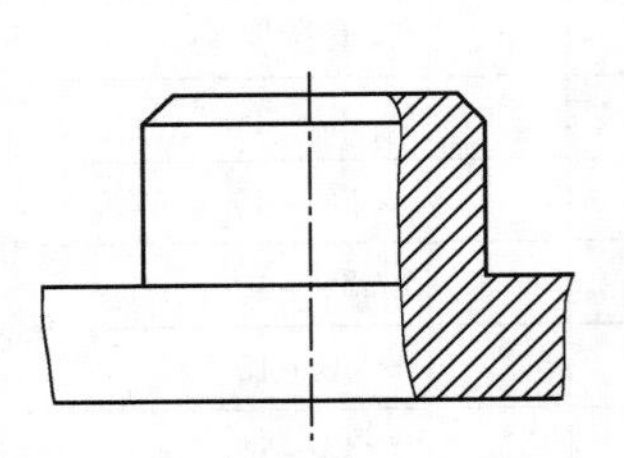

图 3-24　模体与底板一体的凸模

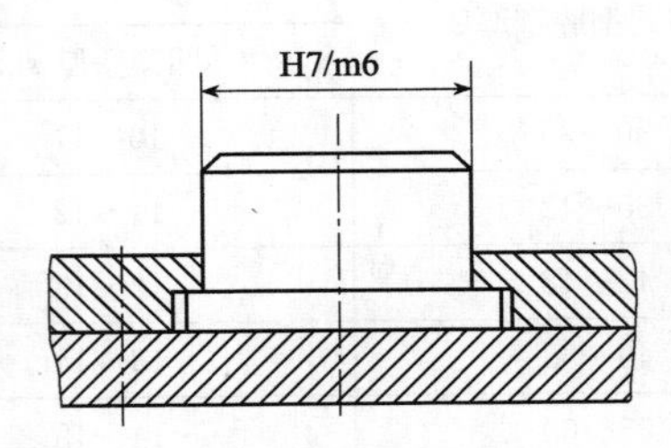

图 3-25　装配底板的凸模图

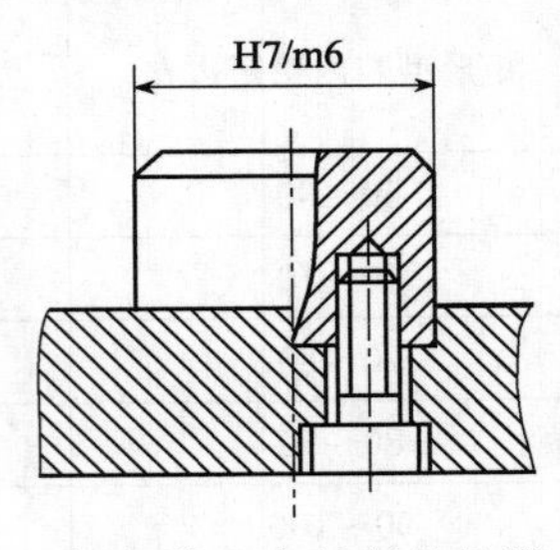

图 3-26　螺钉装配底板版的凸模

图 3-26 所示的凸模结构比较常用。这种结构的刚性大,加工量小。凸模模体装配在底板上的凹槽内,可防止塑料渗入;但这种形式并不适用于细长的凸模。

在某些情况下,凸模也可以采用组合(拼镶)结构。例如,当凸模上需要有深而窄的凹槽时,就不可避免地要用组合结构;但组合结构常限于高度较小的凸模,如凸模高度很大,则拼块很难同时固定,特别是在距离底部较远的顶端。

凸模要考虑正常的冷却。如凸模不高,可在底板上开设冷却水道:如凸模高而大,则凸模本身应开设冷却水道。组合凸模多在底板上开设冷却水道。因为拼块接缝处钻冷却水道将难以保证密封不漏水。

为了搬运和安装方便,重 20kg 以上的凹模和凸模应装设吊环或其他装置。

3.2.3　成型芯

型芯用来成型塑件的孔,分为主体型芯、小型芯、侧抽芯和成型杆及螺纹型芯等。

1. 组合式主型芯结构

镶拼组合式型芯的优缺点和组合式型腔的优缺点基本相同。设计和制造这类型芯时,必须注意结构合理,应保证型芯和镶块的强度,防止热处理时变形且应避免尖角与壁厚突变。

当小型芯靠主型芯太近,如图 3-27(a)所示,热处理时薄壁部位易开裂,故应采用图 3-27(b)结构,将大的型芯制成整体式,再镶入小型芯。

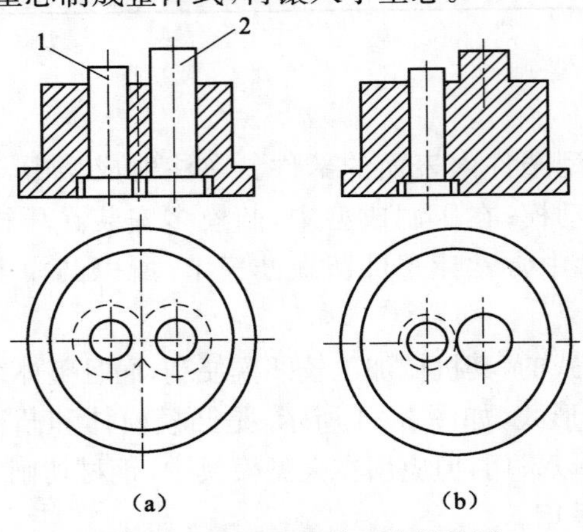

图 3-27　相近型芯的组合结构图

1—小型芯;2—大型芯

在设计型芯结构时,应注意塑料的飞边不应该影响脱模取件。如图 3-28(a)所示结构的溢料飞边的方向与塑料脱模方向相垂直,影响塑件的取出;而采用图 3-28(b)的结构,其溢料飞边的方向与脱模方向一致,便于脱模。

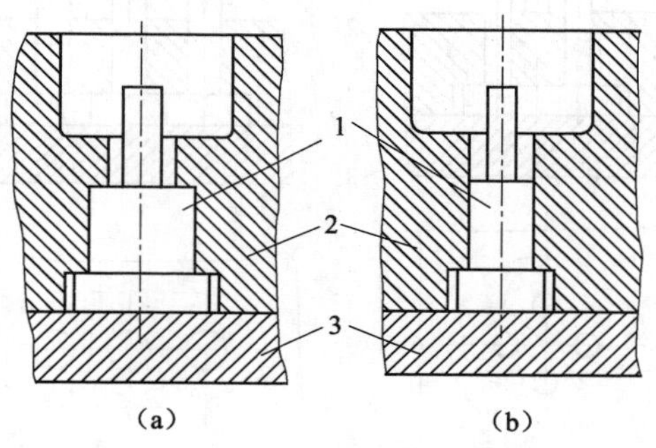

图 3-28　便于脱模的型芯组合结构

1—型芯;2—型腔零件;3—垫板

2. 小型芯的结构设计

(1)圆形小型芯的几种固定方法

圆形小型芯采用图 3-29 所示的几种固定方法。图 3-29(a)是用台肩固定的形式,下面有垫板压紧;图 3-29(b)中的固定板太厚,可在固定板上减小配合长度,同时细小的型芯制成台阶的形式;图 3-29(c)是型芯细小而固定板太厚的形式,型芯镶入后,在下端用圆柱垫垫平;图 3-29(d)适用于固定板厚、无垫板的场合,在型芯的下端用螺塞紧固;图 3-29(e)是型芯镶入后,在另一端采用铆接固定的形式。

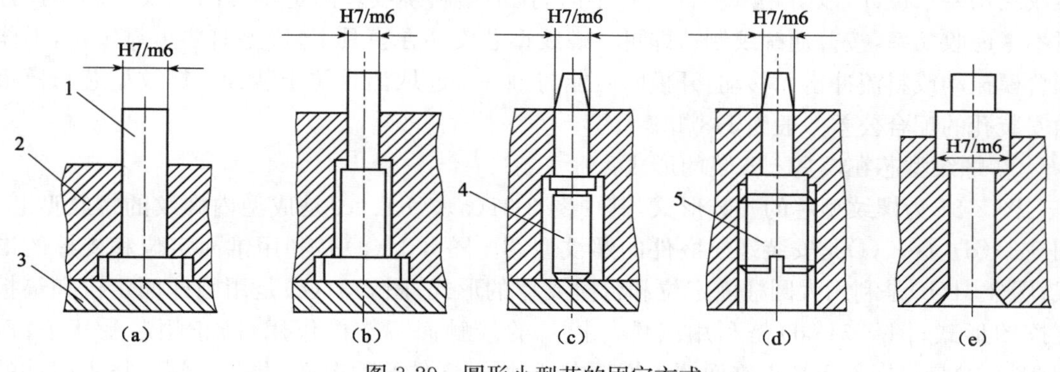

图 3-29　圆形小型芯的固定方式

1—圆形小型芯;2—固定板;3—垫板;4—顶柱;5—螺塞

(2)相互靠近的小型芯的固定

如图 3-30 所示的多个相互靠近的小型芯,如果台肩固定时,台肩发生重叠干涉,可将台肩相碰的一面磨去,将型芯固定板的台阶孔加工成大圆台阶孔或长圆形台阶孔,然后再将型芯镶入。

3. 螺纹型芯和螺纹型环结构设计

螺纹型芯和螺纹型环是分别用来成型塑件内螺纹和外螺纹的活动镶件。另外,螺纹型芯和螺纹型环也是可以用来固定带螺纹的孔和螺杆的嵌件。成型后,螺纹型芯和螺纹型环的脱卸方法有两种,一种是模内自动脱卸,另一种是模外手动脱卸,这里仅介绍模外手动脱卸螺纹型芯和螺纹型环的结构及固定方法。

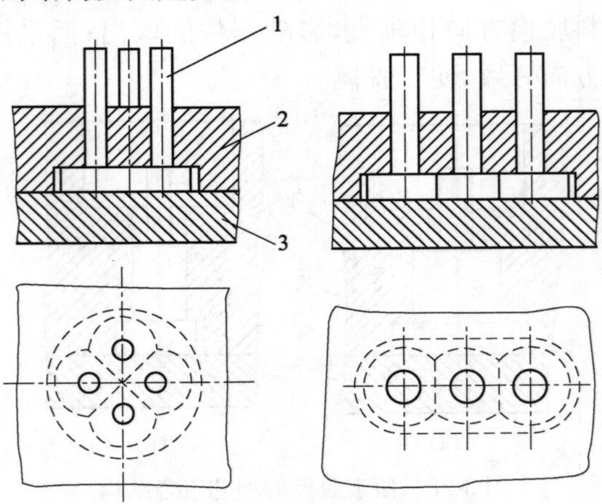

图 3-30　多个互相靠近型芯的固定

1—小型芯；2—固定板；3—垫板

(1)螺纹型芯

① 螺纹型芯的结构要求

螺纹型芯按用途分直接成型塑件上螺纹孔和固定螺母嵌件两种，这两种螺纹型芯在结构上没有原则的区别。用来成型塑件上螺纹孔的螺纹型芯在设计时必须考虑塑料收缩率，其表面粗糙度值要小（$Ra < 0.4\ \mu m$），一般应有 0.5°的脱模斜度。螺纹始端和末端按塑料螺纹结构要求设计，以防止从塑件上拧下时，拉毛塑料螺纹。固定螺母的螺纹型芯在设计时不考虑收缩率，按普通螺纹制造即可。螺纹型芯安装在模具上，成型时要可靠定位，不能因合模振动或料流冲击而移动，开模时应能与塑件一起取出且便于装卸。螺纹型芯与模板内安装孔的配合公差一般为 H8/f8。

② 螺纹型芯在模具上安装的形式

图 3-31 为螺纹型芯的安装形式，其中图 3-31(a)、(b)、(c)是成型内螺纹的螺纹型芯，图 3-31(d)、(e)、(f)是安装螺纹嵌件的螺纹型芯。图 3-31(a)是利用锥面定位和支撑的形式；图 3-31(b)是利用大圆柱面定位和台阶支撑的形式；图 3-31(c)是用圆柱面定位和垫板支撑的形式；图 3-31(d)是利用嵌件与模具的接触面起支撑作用，防止型芯受压下沉；图 3-31(e)是将嵌件下端以锥面镶入模板中，以增加嵌件的稳定性，并防止塑料挤入嵌件的螺孔中；图 3-31(f)是将小直径螺纹嵌件直接插入固定在模具的光杆型芯上，因螺纹牙沟槽很细小，塑料仅能挤入一小段，并不妨碍使用，这样可省去模外脱卸螺纹的操作。螺纹型芯的非成型端应制成方形或将相对应着的两边磨成两个平面，以便在模外用工具将其旋下。

③ 带弹性连接的螺纹型芯的安装

固定在立式注射机动模部分的螺纹型芯，由于合模时冲击振动较大，螺纹型芯插入时应有弹性连接装置，以免造成型芯脱落或移动，导致塑件报废或模具损伤。图 3-32(a)是带豁口柄的结构，豁口柄的弹力将型芯支撑在模具内，适用于直径小于 8mm 的型芯；图 3-32(b)台阶起定位作用，并能防止成型螺纹时挤入塑料；图 3-32(c)和(d)是用弹簧钢丝定位，常用于直径为 5～10mm 的型芯上；当螺纹型芯直径大于 10mm 时，可采用图 3-32(e)的结构，用钢球弹簧固定；而当螺纹型芯直径大于 15mm 时，则可反过来将钢球和弹簧装置在型芯杆内；图 3-32(f)是利用弹簧卡圈固定型芯；图 3-32(g)是用弹簧夹头固定型芯的结构。

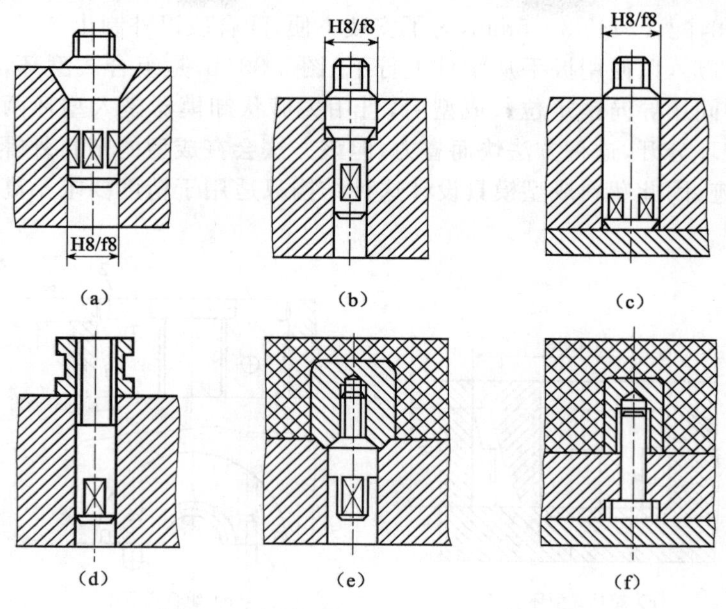

图 3-31　螺纹型芯在模具上安装的形式

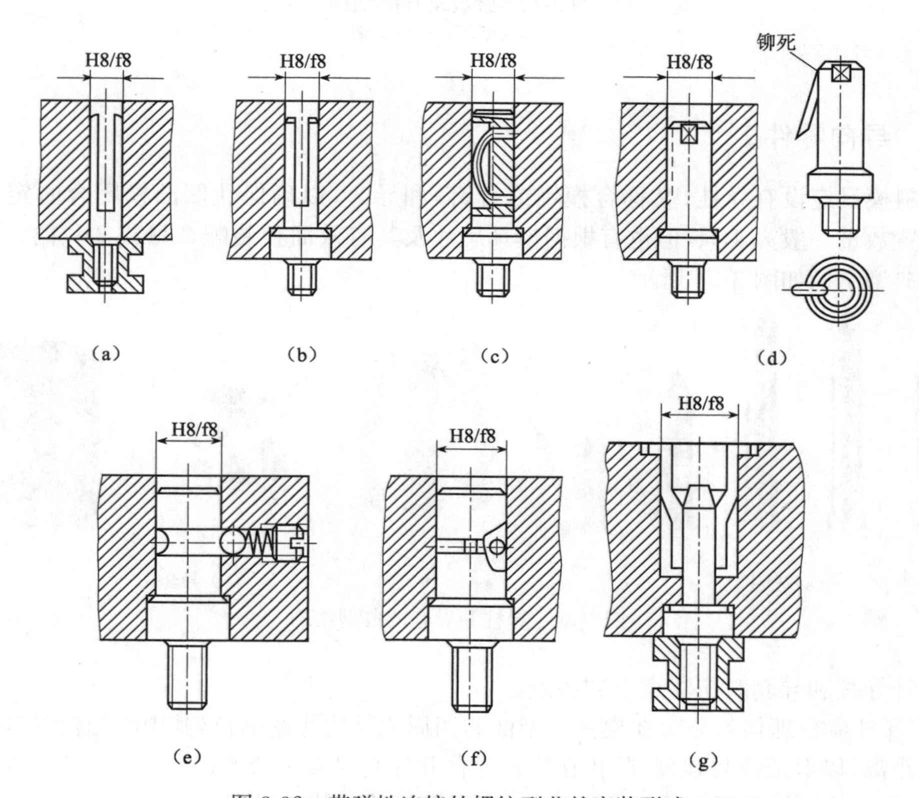

图 3-32　带弹性连接的螺纹型芯的安装形式

(2)螺纹型环

螺纹型环常见的结构如图 3-33 所示。图 3-33(a)是整体式的螺纹型环,型环与模板的配合用 H8/f8,配合段长 3～5mm,为了安装方便,配合段以外制出 3°～5°的斜度,型环下端可铣削成方形,以便用扳手从塑件上拧下;图 3-33(b)是组合式型环,型环由两半拼合而成,两半中间用导向销定位。成型后,可用尖劈状卸模器楔入型环两边的楔形槽撬口内,使螺纹型环分开,这种方法快而省力,但该方法会在成型的塑料外螺纹上留下难以修整的拼合痕迹,因此塑料成型模具设计这种结构只适用于精度要求不高的粗牙螺纹的成型。

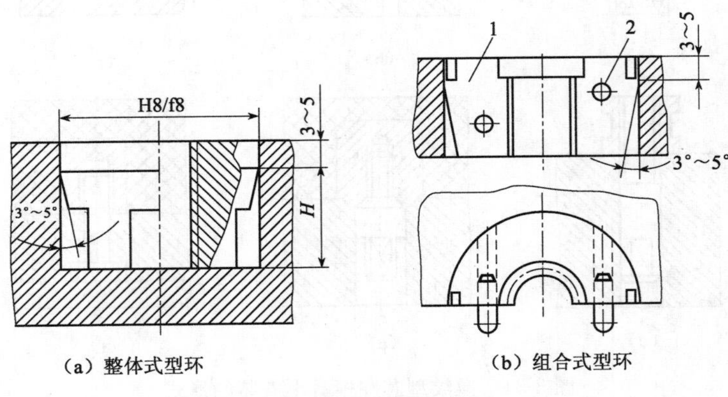

(a) 整体式型环　　(b) 组合式型环

图 3-33　螺纹型环的结构

1—螺纹型环;2—导向销

3.2.4　导向零件

塑料模具应设有导柱(又称合模销或合钉)和导套,以确保让凹凸模闭合时定向和定位。配置数量一般为 4 只,但也有根据模具尺寸及其有效面积装配 2 只或 3 只的。导柱和导套的典型结构如图 3-34 所示。

(a) 导柱　　(b) 导套

图 3-34　导柱和导套的典型结构

设计导柱和导套时应注意下列各点:

① 导柱应合理均匀分布在模具分型面的四周或靠边缘的部位,其中心至模具外缘应有足够的距离,以保证模具强度,防止在压入导柱和导套时发生变形;

② 导柱的直径根据模具尺寸来选定,应保证足够的抗弯强度;

③ 导柱固定段的直径和导套的外径应相等,以利于装配加工,保证其同轴度;

④ 导柱和导套应有足够的耐磨性,可采用 20 号钢,再经渗碳淬火处理,其硬度不应低于 43－55HRC,也可以直接采用 T8A 碳素工具钢,再经淬火处理;

⑤ 为了便于塑件脱模,导柱最好装在定模上或上模(压制模)上。

1. 导柱结构形式

导柱结构形式如图 3-35 所示。图 3-35(a)为带头导柱,除安装部分的台肩外,长度的其余部分直径相同;图 3-35(b)、(c)为有肩导柱,除安装部分有台肩外,安装配合部分直径比外伸的工作部分直径大,一般与导套外径一致。导柱的导滑部分根据需要可加工出油槽。图 3-35(c)所示导柱适用于固定板太薄的场合,即在固定板下面再加垫板固定,但这种结构不常用。关于导柱的尺寸参数可以查阅相关手册。

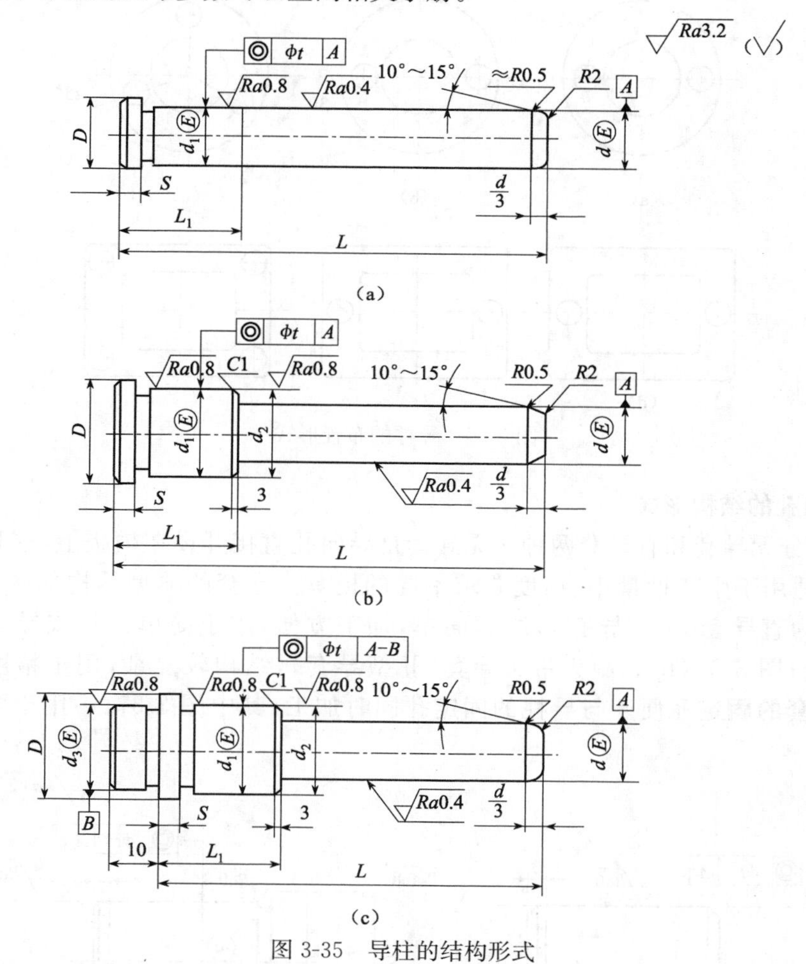

图 3-35　导柱的结构形式

2. 导柱结构的技术要求

导柱导向部分的长度应比型芯端面的高度高出 8～12mm,以免出现导柱未进入导套,而型芯先进入型腔的情况。

导柱前端应做成锥台形或半球形,以使导柱能顺利地进入导套。由于半球形加工困难,所以导柱前端形式以锥台形为多。

导柱应具有硬而耐磨的表面和坚韧而不易折断的内芯,因此多采用 20 钢(经表面渗碳淬火处理)或者 T8、T10 钢(经淬火处理),硬度为 50～55。导柱固定部分的表面粗糙度值 Ra＝0.8μm,导向部分的表面粗糙度值为 Ra＝0.4～0.8μm。

导柱固定端与模板之间一般采用 H7/m6 或 H7/k6 的过度配合,导柱的导向部分通常采用 H7/f7 或 H8/f7 的间隙配合。

导柱应合理均布在模具分型面的四周,导柱中心至模具边缘应有足够的距离,以保证模具强度(导柱中心到模具边缘距离通常为导柱直径的 1～1.5 倍)。为确保合模时只能按一个方向合模,导柱的布置可采用等直径导柱不对称布置或不等直径导柱对称布置的方式,如图 3-36 所示。

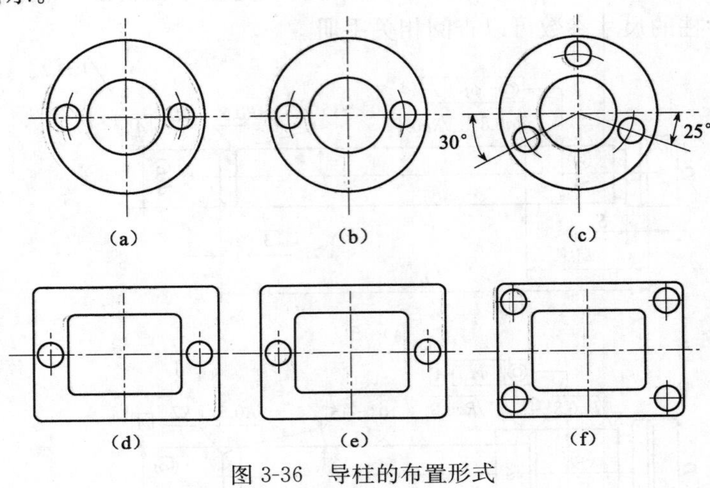

图 3-36　导柱的布置形式

3. 导向孔的结构形式

导向孔分无导套和有导套两种。无导套是导向孔直接开设在模板上,这种形式的孔加工简单,适用于生产批量小、精度要求不高的模具。导套的典型结构如图 3-37 所示。图 3-37(a)为直导套(Ⅰ型导套),结构简单,加工方便,用于简单模具或导套后面没有垫板的场合;图 3-37(b)、(c)为带头导套(Ⅱ型导套),结构较复杂,用于精度较高的场合,这种导套的固定孔便于与导柱的固定孔同时加工,其中图 3-37(c)用于两块板固定的场合。

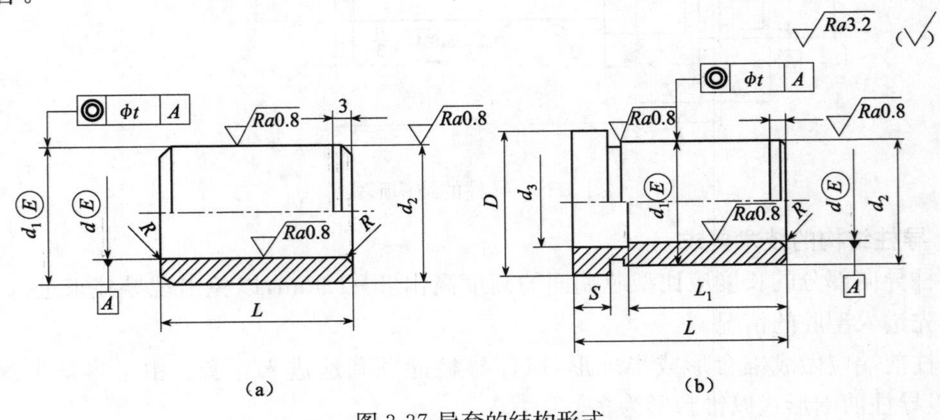

图 3-37 导套的结构形式

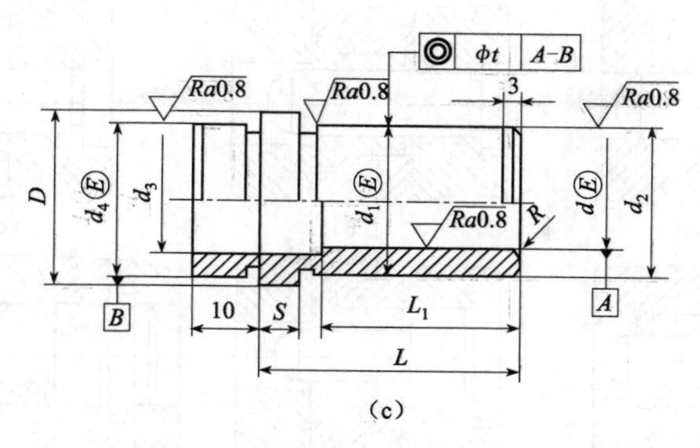

图 3-37 导套的结构形式(续)

4. 导套结构和技术要求

为使导柱顺利进入导套,导套的前端应倒圆角。导向孔最好做成通孔,以利于排出孔内的空气。如果模板较厚,导孔必须做成盲孔时,可在盲孔的侧面打一个小孔排气或在导柱的侧壁磨出排气槽。

可用与导柱相同的材料或铜合金等耐磨材料制造导套,但其硬度应略低于导柱硬度,这样可以减轻磨损,以防止导柱或导套拉毛。

直导套用 H7/r6 过盈配合镶入模板,为了增加导套镶入的牢固性,防止开模时导套被拉出来,可以用止动螺钉紧固。图 3-38(a)为开缺口紧固,图 3-38(b)为开环形槽紧固,图 3-38(c)为侧面开孔紧固。带头导套用 H7/m6 或 H7/k6 过渡配合镶入模板,导套固定部分的粗糙度值为 $Ra=0.8\mu m$,导向部分粗糙度值为 $Ra=0.4\sim0.8\mu m$。

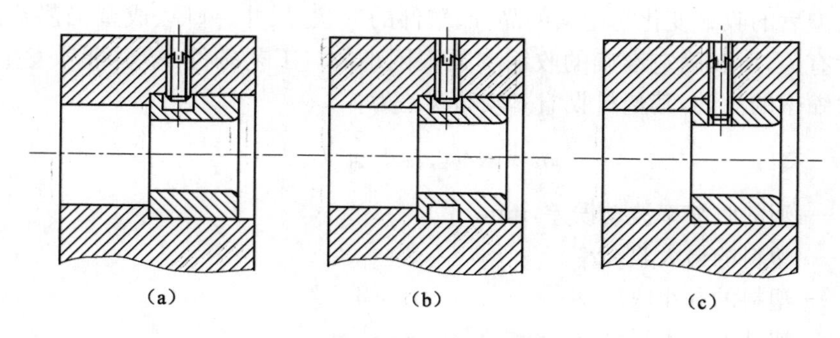

图 3-38　导套的固定形式

5. 导柱与导套的配用

由于模具的结构不同,选用的导柱和导套的结构也不同。导柱与导套的配用形式要根据模具的结构及生产要求而定,常见的配合形式如图 3-39 所示。图 3-39(a)为带头导柱与模板上导向孔配合;图 3-39(b)为带头导柱与带头导套的配合;图 3-39(c)为带头导柱与直导套的配合;图 3-39(d)为有肩导柱与直导套的配合;图 3-39(e)为有肩导柱与带头导套的配合;图 3-39(f)为导柱与导套分别固定在两块模板中的配合形式。

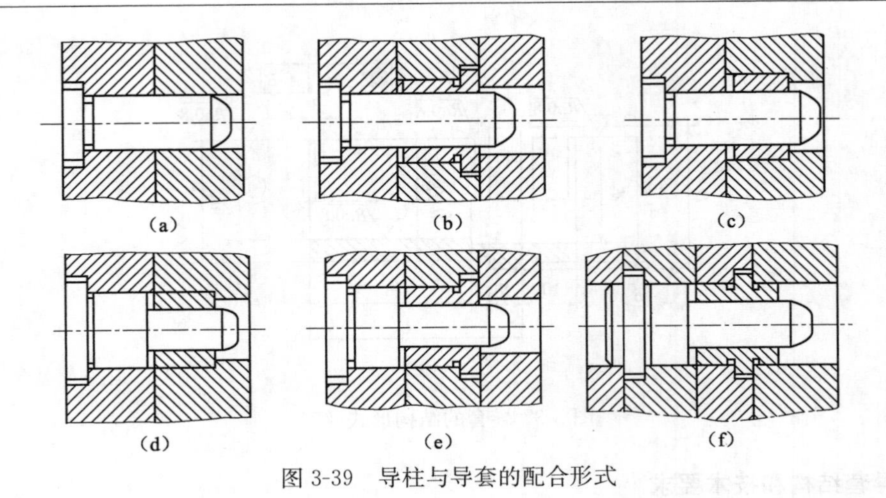

图 3-39　导柱与导套的配合形式

3.3　成型零部件工作尺寸计算

3.3.1　计算成型零部件工作尺寸要考虑的要素

成型零件工作尺寸指直接用来构成塑件型面的尺寸，例如型腔和型芯的径向尺寸、深度和高度尺寸、孔间距离尺寸、孔或凸台至某成型表面的距离尺寸、螺纹成型零件的径向尺寸和螺距尺寸等。

1. 塑件的收缩率波动

塑件成型后的收缩变化与塑料的品种、塑件的形状、尺寸、壁厚、成型工艺条件、模具的结构等因素有关，所以确定准确的收缩率是很困难的。工艺条件、塑料批号发生的变化会造成塑件收缩率的波动，其塑料收缩率波动误差为

$$\delta_s = (S_{max} - S_{min}) L_s \tag{3-21}$$

式中　δ_s ——塑料收缩率波动误差，mm；

S_{max} ——塑料的最大收缩率；

S_{min} ——塑料的最小收缩率；

L_s ——塑件的基本尺寸，mm。

实际收缩率与计算收缩率会有差异，按照一般的要求，塑料收缩率波动所引起的误差应小于塑件公差的 1/3。

2. 模具成型零件的制造误差

模具成型零件的制造精度是影响塑件尺寸精度的重要因素之一。模具成型零件的制造精度愈低，塑件尺寸精度也愈低。一般成型零件工作尺寸制造公差值 δ_z 取塑件公差值 Δ 的 1/3～1/4 或取 IT7～IT8 级作为制造公差，组合式型腔或型芯的制造公差应根据尺寸链来确定。

3. 模具成型零件的磨损

模具在使用过程中，由于塑料熔体流动的冲刷、脱模时与塑件的摩擦、成型过程中可

能产生的腐蚀性气体的锈蚀以及由于以上原因造成的模具成型零件表面粗糙度值提高而要求重新抛光等,均造成模具成型零件尺寸的变化,型腔的尺寸会变大,型芯的尺寸会减小。

这种由于磨损而造成的模具成型零件尺寸的变化值与塑件的产量、塑料原料及模具等都有关系,在计算成型零件的工作尺寸时,对于批量小且模具表面耐磨性好的(如高硬度模具材料、模具表面进行过镀铬或渗氮处理的)塑件,其磨损量应取小值;对于玻璃纤维做原料的塑件,其磨损量应取大值;对于与脱模方向垂直的成型零件的表面,磨损量应取小值,甚至可以不考虑磨损量,而与脱模方向平行的成型零件的表面,应考虑磨损;对于中、小型塑件,模具的成型零件最大磨损可取塑件公差的1/6,而大型塑件,模具的成型零件最大磨损应取塑件公差的1/6以下。

成型零件的最大磨损量用δ_c来表示,一般取$\delta_c=\frac{1}{6}\Delta$。

4. 模具安装配合的误差

模具的成型零件由于配合间隙的变化,会引起塑件的尺寸变化。例如型芯按间隙配合安装在模具内,塑件孔的位置误差要受到配合间隙值的影响;若采用过盈配合,则不存在此误差。

由模具安装配合间隙的变化而引起塑件的尺寸误差用δ_i来表示。

5. 塑件的总误差

综上所述,塑件在成型过程产生的最大尺寸误差应该是上述各种误差的总和,即

$$\delta=\delta_s+\delta_z+\delta_c+\delta_i \tag{3-22}$$

式中　δ——塑件的成型误差;

δ_s——塑料收缩率波动而引起的塑件尺寸误差;

δ_z——模具成型零件的制造公差;

δ_c——模具成型零件的最大磨损量;

δ_i——模具安装配合间隙的变化而引起塑件的尺寸误差。

塑件的成型误差应小于塑件的公差值,即

$$\delta\leqslant\Delta \tag{3-23}$$

6. 考虑塑件尺寸和精度的原则

在一般情况下,塑料收缩率波动、成型零件的制造公差和成型零件的磨损是影响塑件尺寸和精度的主要原因。对于大型塑件,其塑料收缩率对塑件的尺寸公差影响最大,应稳定成型工艺条件,并选择波动较小的塑料来减小塑件的成型误差;对于中、小型塑件,成型零件的制造公差及磨损对塑件的尺寸公差影响最大,应提高模具精度等级和减小磨损来减小塑件的成型误差。

3.3.2　成型零部件工作尺寸计算

1. 仅考虑塑料收缩率时模具成型零件工作尺寸计算

计算模具成型零件最基本的公式为

$$L_m = L_s(1+S) \tag{3-24}$$

式中 L_m ——模具成型零件在常温下的实际尺寸，mm；

L_s ——塑件在常温下的实际尺寸，mm；

S ——塑料的计算收缩率。

由于多数情况下，塑料的收缩率是一个波动值，常用平均收缩率来代替塑料的收缩率，塑料的平均收缩率为

$$\bar{S} = \frac{S_{max} - S_{min}}{2} \times 100\% \tag{3-25}$$

式中 $\bar{S}$ ——塑料的平均收缩率；

S_{max} ——塑料的最大收缩率；

S_{min} ——塑料的最小收缩率。

2. 成型零件尺寸的计算

图 3-40 所示为塑件尺寸与模具成型零件尺寸的关系，模具成型零件尺寸决定于塑件尺寸。

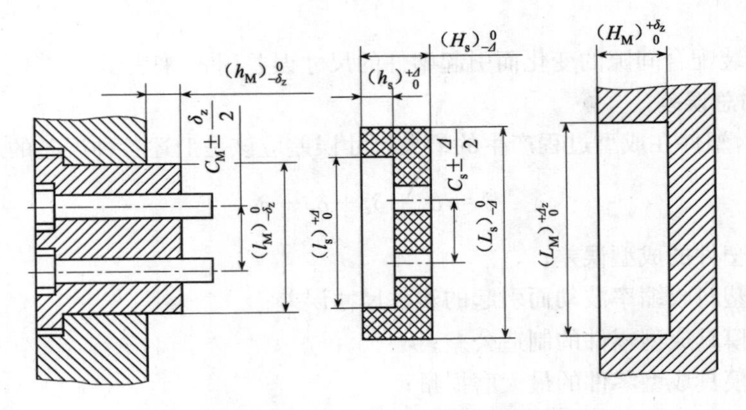

图 3-40 塑件尺寸与模具成型零件尺寸的关系

塑件尺寸与模具成型零件工作尺寸的取值规定见表 3-16。成型零件工作尺寸的计算见表 3-17。

表 3-16 塑件尺寸与模具成型零件工作尺寸的取值规定

序号	塑件尺寸的分类	塑件尺寸的取值规定		模具成型零件工作尺寸的取值规定		
		基本尺寸	偏差	成型零件	基本尺寸	偏差
1	外形尺寸 L、H	最大尺寸 L_s、H_s	负偏差 $-\Delta$	型腔	最小尺寸 L_M、H_M	正偏差 δ_z
2	内形尺寸 l、h	最小尺寸 l_s、h_s	正偏差 Δ	型芯	最大尺寸 l_M、h_M	负偏差 $-\delta_z$
3	中心距 C	平均尺寸 C_s	对称 $\pm\frac{\Delta}{2}$	型芯、型腔	平均尺寸 C_M	对称 $\pm\frac{\delta_z}{2}$

表 3-17　成型零件工作尺寸的计算

尺寸类别		计算方法	说明
径向尺寸	型腔的径向尺寸 $(L_M)^{+\delta_x}_{0}$	$(L_M)^{+\delta_x}_{0} = [(1+\bar{S})L_s - x\Delta]^{\delta_x}_{0}$　(3-26) 式中　$\bar{S}$——塑料的平均收缩率； L_s——塑件的外形最大尺寸； x——系数，尺寸大，精度低的塑件，$x = 0.5$；尺寸小，精度高的塑件，$x = 0.7$； Δ——塑件尺寸的公差	(1)径向尺寸仅考虑 δ_s、δ_z、δ_c 的影响； (2)为了保证塑件实际尺寸在规定的公差范围内，对成型尺寸需进行校核。 径向尺寸： $(S_{max} - S_{min})L_s$ 或 $(L_s) + \delta_z + \delta_c < \Delta$　(3-28)
	型芯的径向尺寸 $(l_M)^{0}_{-\delta_x}$	$(l_M)^{0}_{-\delta_x} = [(1+\bar{S})l_s + x\Delta]^{0}_{-\delta_x}$　(3-27) 式中　l_s——塑件的内形最小尺寸，其余各符号的意义相同	
深度及高度尺寸	型腔的深度尺寸 $(H_M)^{+\delta_x}_{0}$	$(H_M)^{+\delta_x}_{0} = \left[(1-\bar{S})H_s - x\Delta\right]^{\delta_x}_{0}$　(3-29) 式中　H_s——塑件的高度最大尺寸；x 的取值范围在 1/2～1/3 之间，尺寸大，精度要求低的塑件取小值，反之，取大值。其余各符号意义同上	(1)深、高度尺寸仅考虑受 δ_s、δ_z、δ_c 的影响； (2)深、高度成型尺寸的校核如下： $(S_{max} - S_{min})H_s$ 或 $(h_s) + \delta_z + \delta_c < \Delta$　(3-31)
	型腔的高度尺寸 $(h_M)^{0}_{-\delta_x}$	$(h_M)^{0}_{-\delta_x} = \left[(1+\bar{S})h_s + \left(\frac{1}{2} \sim \frac{1}{3}\right)\Delta\right]^{0}_{-\delta_x}$　(3-30) 式中　h_s——塑件内形深度的最小尺寸，其余各符号意义同上	
中心距尺寸 $C_M \pm \frac{\delta}{2}$		$C_M \pm \frac{\delta}{2} = (1+\bar{S})C_s \pm \frac{\delta_x}{2}$　(3-32) 式中　C_s——塑件内形深度的最小尺寸，其余各符号的意义同上	中心距尺寸的校核，如下： $(S_{max} - S_{min})C_s < \Delta$　(3-33)

3. 螺纹型环和螺纹型芯工作尺寸的计算

由于塑料收缩率等的影响，用标准螺纹型环和螺纹型芯成型的塑件，其螺纹不会标准化，会在使用中无法正确旋合。因此，必须要计算螺纹型环和螺纹型芯工作尺寸，以成型出标准的塑件螺纹，螺纹型环和螺纹型芯工作尺寸的计算，见表 3-18。

按照上述的螺纹型环和螺纹型芯的计算，螺距是带有不规则的小数，加工这样特殊的螺距很困难，应尽量避免。如果在使用时，采用收缩率相同或相近的塑件外螺纹与塑件内螺纹相配合，设计螺纹型环、螺纹型芯时，螺距不必考虑收缩率；如果在使用时，塑料螺纹与金属螺纹配合的牙数小于 7～8 个牙，螺纹型环、螺纹型芯在螺距设计时，也不必考虑收缩率；当配合牙数过多时，由于螺距的收缩累计误差很大，必须按表 3-19 和表 3-20 来计算螺距，并采用在车床上配置特殊齿数的变速挂轮等方法来加工带有不规则小数的特殊螺距的螺纹型环或型芯。

表 3-18　螺纹型环和螺纹型芯工作尺寸的计算

类别	计算公式	
	螺纹型环	螺纹型芯
螺纹大径、螺纹中径、螺纹小径	$(D_{M大})^{+\delta_z}_{0} = [(1+\bar{S})D_{s大} - \Delta_{小}]^{+\delta_z}_{0}$　(3-34) $(D_{M中})^{+\delta_z}_{0} = [(1+\bar{S})D_{s中} - \Delta_{中}]^{+\delta_z}_{0}$　(3-35) $(D_{M小})^{+\delta_z}_{0} = [(1+\bar{S})D_{s小} - \Delta_{中}]^{+\delta_z}_{0}$　(3-36)	$(d_{M大})^{0}_{-\delta_z} = [(1+\bar{S})D_{s大} - \Delta_{中}]^{0}_{-\delta_z}$　(3-37) $(d_{M中})^{0}_{-\delta_z} = [(1+\bar{S})D_{s中} - \Delta_{中}]^{0}_{-\delta_z}$　(3-38) $(d_{M小})^{0}_{-\delta_z} = [(1+\bar{S})D_{s小} - \Delta_{中}]^{0}_{-\delta_z}$　(3-39)
	式中　$D_{M大}$、$D_{M中}$、$D_{M小}$——螺纹型环的大、中、小直径； $d_{M大}$、$d_{s中}$、$d_{s小}$——螺纹型芯的大、中、小直径； $D_{s大}$、$D_{M中}$、$D_{M小}$——塑件外螺纹大、中、小直径基本尺寸； $d_{s大}$、$d_{s中}$、$d_{s小}$——塑件内螺纹大、中、小直径基本尺寸； $\bar{S}$——塑料的平均收缩率； $\Delta_{中}$——塑件螺纹中径公差，目前我国还没有专门的塑件螺纹公差标准，可参照GB/T 197—2003 的金属螺纹公差标准中精度最低的选用； δ_z——螺纹型环、螺纹型芯制造公差，其值可取 $\frac{\Delta}{5}$	
螺距尺寸	$(P_M)\pm\frac{\delta_z}{2} = (1+\bar{S})P_s \pm \frac{\delta_z}{2}$　(3-40) 式中　P_M——螺纹型环或螺纹型芯螺距； P_s——塑件外螺纹或内螺纹螺距的基本尺寸； δ_z——螺纹型环、螺纹型芯螺距制造公差	
牙尖角	如果塑料均匀的收缩，则不会改变牙尖角的度数，公制螺纹的牙尖角的度数为 60°，英制螺纹牙尖角的度数为 55°	

表 3-19　螺纹型芯、螺纹型环制造公差

粗牙螺纹	螺纹直径	M3～M12	M14～M33	M36～M45	M46～M48
	中径制造公差	0.02	0.03	0.04	0.05
	大小径制造公差	0.03	0.04	0.05	0.06
细牙螺纹	螺纹直径	M4～M22	M24～M52	M56～M58	
	中径制造公差	0.02	0.03	0.04	
	大小径制造公差	0.03	0.04	0.05	

表 3-20　螺纹型芯、螺纹型环螺距制造公差

螺纹直径	配合长度 L	制造公差 δ
3～10	≤12	0.01～0.03
12～22	12～20	0.02～0.04
24～68	>20	0.03～0.05

小　　结

主要内容	知识点	学习重点	提示
零件收缩性、分型面、壁厚、加强筋、出模角、支柱等设计准则，零件结构优化设计实例、模具设计的基本零部件的结构、各零部件工作尺寸设计计算方法	零件设计的工艺性、成型模具基本零部件的结构、主要零部件工作尺寸设计原则	零件设计准则及零件结构优化设计方法、成型模具基本零部件的结构	塑料零件应依成品所要求的机能决定其形状、尺寸、外观和材料；设计的成品必须符合模塑原则，模具制作容易，成型及后加工容易，但仍保持成品的机能；模具零件的形式主要有成型零件和结构零件两大类型，成型零件主要包括凸模、凹模、型芯和镶块等

复　习　题

3-1　复合材料制品的设计程序是怎样的?

3-2　塑件结构对收缩性的重要影响有哪些方面?

3-3　塑件分型面位置的设计应遵循什么原则?

3-4　决定塑件壁厚的主要因素有哪些?

3-5　塑件中常见孔的类型有哪些？它们的设计准则是什么?

3-6　塑料成型模具零件主要包括哪两种类型?

3-7　何谓凹模？常见凹模的结构形式有哪些？各有什么特点?

3-8　何谓凸模？常见凸模的结构形式有哪些？各有什么特点?

3-9　设计成型芯时应注意哪些问题?

3-10　塑料成型模具中的导柱与导套有什么作用？它们在配用时应注意哪些问题?

项目 4　手糊成型模具设计

【项目简介】

本项目主要介绍手糊成型模具的设计，具体内容包括手糊成型模具的结构形式、制造模具用材料、模具制造的原则和方法、模具的保养和修补以及脱模剂的选用等内容。

【任务目标】

1. 掌握手糊成型模具的结构形式。
2. 掌握手糊成型模具制造的原则和方法。
3. 熟悉手糊成型模具常用材料的注意事项。

4.1　概　　述

模具对于玻璃钢(FRP)制品生产具有重要意义，可以认为模具水平高低在很大程度上决定并左右了玻璃制品的质量优劣和成本贵廉。对于手工成型工艺而言，模具更是必不可少的装备之一。应该根据制品使用要求和形状及所用树脂固化速度，来选择模具。要求制品上乘，选择用高级模具是不可回避的先决条件。所谓高级模具是指粗糙度、平整度好的模具，表面光洁如镜，如同精雕细刻的工艺品。高级模具的制造所用时间，往往超过生产制品所用时间的数倍以上，模具可按结构形式、选用材料或脱模方式进行分类，在本书中我们将分别介绍。

4.2　手糊成型模具的结构形式

1. 按适用于玻璃钢手糊成型的模具结构形式分类

一般分为：单模和敞口对模，单模又可分为阳模和阴模两种(图 4-1)。不论单模还是对模都可根据制品的结构形式和工艺要求制成整体或拼装式。

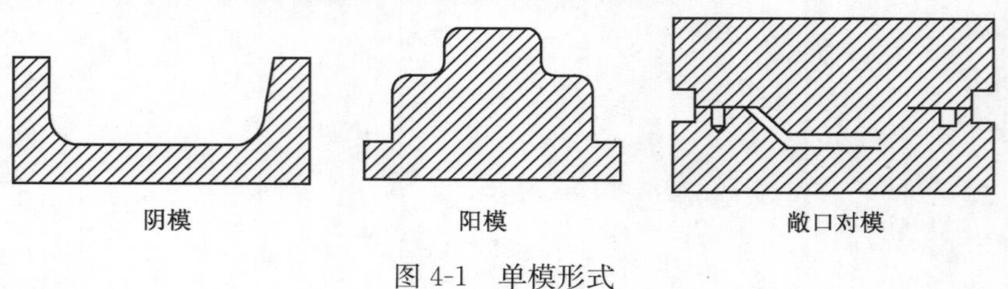

图 4-1　单模形式

① 阴模。阴模的工作面是向内凹陷，使用阴模生产的制品外边面光滑、尺寸较准确。阴模常适用于生产外表面光滑和尺寸精度较高的制品。但对凹陷深的制品，用阴模工艺则操作不便，排气困难，质量不易控制。

② 阳模。阳模的工作面是凸出的。用阳模生产的制品内表面光滑、尺寸准确，操作方便，质量容易控制，便于通风处理，在手工成型工艺中除制品有特殊要求外，一般均选用阳模成型。

③ 敞口式对模。敞口式对模是由阳模和阴模两部分组成，带有溢料飞边的陷槽，通过定位销定位。如果制品的外形、厚度和表面要求严格，用这种模具较为妥当（例如面盆等），但在成型中要上下翻动，故不适用于大型制品。

④ 组合式模具。由于玻璃钢制品结构复杂或者为了脱模方便，常将模具分成几部分制造，然后拼装而成，如各种活络模型、抽心模、石蜡金属组合模具等。对于这种模具的形式更加需要模具设计人员的技巧。

2. 按脱模方式分类

① 整体式。即模具是一个整体，产品整体施工，整体脱模。

② 组合式。即模具根据脱模要求由几个分模用螺栓连接，整体施工，分块拆模。既可保证产品精度，又使外形复杂的制品能顺利脱模。

3. 按模具的固定方式不同分类

① 固定式。即模具装在固定托架上，施工人员随施工方向移动。

② 转动式。即模具托架可以转动360°，转动方向随施工人员需要而转动。这对大型、复杂、又要阴模成型的产品较为适用。

4.3　模具的制造材料

4.3.1　材料的选择原则

能够用来做手糊成型模具的材料很多，选择原则如下：

① 制品的要求，如精度、尺寸、外观、数量等。

② 所选择的材料制成的模具应有足够的刚度，以便在树脂固化时能维持既定形状。

③ 模具所用材料不应受树脂及辅助材料的侵蚀。

④ 模具对树脂的固化没有不良影响。

4.3.2　模具材料

1. 金属模

常采用钢模，一般用于尺寸小、批量大的手糊产品，也有用于外形不复杂的大型产品。黄铜虽是常见金属，但因易受树脂辅助剂侵蚀，并会对树脂固化产生不利影响，除非用在工作面已镀铬或其他金属的场合，否则不易采用。另有低熔点合金模（其成分是：Zn93%、Al4%、Cu3%、Mg0.5%），当温度是在50～80℃时，合金硬度（HB）为100左右。其流动性好，耐磨性差，适于制造形态复杂、花纹精细的塑料成型模腔，使用温度一般大于80℃。低熔点合金模的优点是制模周期短、工艺简单，可重复使用。其缺点是制造加工很困难、成本高。

2. 木模

主要用于线型较平直的大型产品。木模可以直接用来作为玻璃钢产品的成型模具，也可作为翻制玻璃钢模具的过渡母模。用于制作模具的木材有红松、银杏、杉木等，要求含水量达15%，并且不易收缩变形。

木模制作后，可涂上0.2～0.3mm厚度的树脂(表面腻子)，再用水砂纸由粗到细打磨四次，最后一次用800#或1000#砂纸打光，再涂上抛光膏用抛光器抛光，再打上石蜡，木模即成。也可直接在木模上刷油漆、罩光来制造木模。

3. 混凝土模

多用于线型规则和重复使用次数少的产品，如：螺旋形、波形、圆形、拱形或立体槽装产品。其成本低，刚性好，可用砖头砌成基础，覆以水泥砂浆，进行打磨、上腻子，再经过打磨、抛光、喷漆等措施。这种水泥模可直接用于生产玻璃钢制品，也可用于翻制玻璃钢模具的母模。水泥模干燥慢，即使在正常条件下，也要一周以上才能进行涂漆等表面施工。

4. 石膏($CaSO_4 \cdot 2H_2O$)模

其特点是耐热、价廉、导热系数小。一般用于制作母模。制造方便，适于大型制品。但是不耐用，怕冲击。多用于单一产品以及线型复杂的产品，如浮雕等。所用的石膏多为半水石膏即热石膏。与水泥模一样，可用砖头、木材做骨架基础，再覆以石膏层造型。为了提高刚度，防止裂纹，可在石膏中加入足够的填料，如加入石英，可减少收缩和裂纹，加入水泥(石膏：水泥＝7：3)增加强度。也有人提出用石膏加入适量乳胶，用水稀释来制模，具有强度好，不起粉等优点。表4-1的配方一般用于铸型(子模)。

表4-1　石膏型混合料的部分配方

配方	熟石膏(110～120目)	石英粉(280～320目)	石英砂(70～140目)	水外加
1	65	35	20	50左右
2	30	50	20	40左右

石膏模可用作低熔点合金模的母模，在热态下浇铸合金。用石膏母模翻制石膏铸型(子模)时，母模表面要涂以分离剂，如钾皂溶液、变压器油、食用油、20%硬脂酸＋80%煤油，或汽油＋凡士林等。石膏模可用带水笔蘸取石膏粉进行修补。石膏模烘干工艺是(60～120)℃/(4～5)h，自然冷却后用金相砂纸轻轻抛光，然后再烘(100～150)℃/(8～10)h。

5. 石蜡模

用于数量不多或者线型复杂、不易脱模的产品。比如，要制造一个整体式的弯管，包括90°弯管，可用两个弯头作母模，在内腔灌满石蜡后，脱去母模，将石蜡芯稍加修整，然后在外壁包覆玻璃钢，固化后加热，石蜡熔化流出，即可得到一个整体的玻璃钢产品，如图4-2所示。

为了减少收缩变形，提高刚度，可在石蜡中加入5%左右的硬脂酸。该法制造方便，脱模容易，石蜡可反复利用。但精度不高。另一种用法：湿法卷管时，可将钢管浸到70～80℃融化的石蜡中，提起来冷却后再浸，反复进行，直到所需厚度时，表面稍加修整，即可包覆玻璃钢，为防止石蜡开裂，可在蜡中加入少量黄油。也可在蜡的外表面包覆一层薄的玻璃纸，以此作为模芯，玻璃钢固化后，加热钢管，石蜡融化即可脱模。

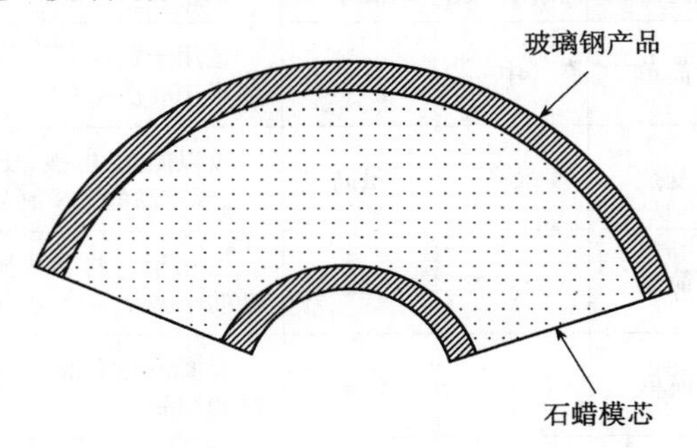

图4-2　石蜡模

6. 橡胶模

一般用硅橡胶、聚氨酯树脂制作，用于制作造型复杂的浮雕、圆雕及各种造型，并不单独使用，须与石膏套模等其他材料组成，通常用于模具中因线型倒入或重叠而不能直接脱模的某一部分，因它有一定软性，当外模脱模后，它能随意拉出各种图案，如狮子、龙、卡通人物等。批量不大时，用此方法。

7. 红砂模

先像水泥模一样，可用红砖等砌成雏形，覆以红砂，红砂用适量PVA黏结，最后以油漆封孔，其周期短，成本低，但易碎，用于大型及形状不复杂且数量少的制品，也可用作过渡母模。由于石膏铸模烘烤困难，也有用冷固化树脂配方加细红砂制作铸模，表面光滑，尺寸稳定，强度可调，或用黏土加细红砂作为制作材料。

8. 玻璃钢模

玻璃钢模因表面光洁、强度高、尺寸稳定，易于制作，制品美观、光亮，可应用数百次，技术成熟，故是手工工艺中应用最多的模具。玻璃钢模其本身就是手工工艺的重要制品，所以在本章中我们给予较多介绍。

9. 玻璃模

玻璃模生产的玻璃钢制品，表面粗糙度很好，但因脆性，不易弯曲，适于制造平整制品。

10. 泡沫塑料

为了方便脱模，模具要制成拔模斜度，一般拔模斜度应在3°～6°。模具的拐角，不论直角和夹角都应该改为圆角，这样容易糊制，不会产生气泡，不易损坏，美观，一般$R>10$mm。要从设计时就设法公差制作，如改变形状、加增强筋以消除玻璃钢制品在收缩时产生的变形。实践还证明，不是所有产品的形状和结构都要通过模具来实现，有时通过直接在产品上加工来实现更为合理。这样做，使糊制、脱模、外观等将会更加合理满意。

有人说国外在模具上和产品上所投入的精力是7∶3，不论是否确切，要做出高质量的模具，必须花费产品几倍的工作量是无疑的。因为合格的模具是生产合格产品的保证。几种材料的模具比较见表4-2。

表 4-2 几种材料的模具比较

模具种类	制造周期	制造工艺	使用次数	成本	适用范围
木模	短	简单	中	中	适用于数量不太多的和结构复杂的制品，一般可脱模 100 次左右
金属模	长	复杂	最高	最高	可以抛光、电镀、质量好，所以适用于小型、数量多、要求高的定型制品，可脱模 100 万次以上
石膏模	最短	简单	1～5 次	低	适用于一些形状简单的大型制品或用于形状复杂的小型制品(一次使用)
水泥模	较短	简单	中	较低	表面粗糙笨重，只适用于一些形状简单、要求不高的制品
玻璃钢模	中	较简单	较多	较高	可以自己制作，适用于数量较多(100～2000 次)，表面要求质量高的制品
石蜡模	短	容易	少	低	由于石蜡模可以熔化，所以适合一些脱模困难的制品一次使用，并且不用脱模剂，但给制品以后涂漆造成困难
软聚氯乙烯模	短	较容易	中	较低	即使结构复杂的制品，也无须分模，但因其质软，所以外表面要用石膏固型

4.4 模具的设计制造

4.4.1 设计原则和方法

① 应该满足产品的设计精度要求。模具的尺寸精度应保证产品尺寸在允许的误差范围之内。模具表面要求光滑、平整、密实、无裂纹、无针孔，以保证产品的表面质量，其表面的光洁度达到 90 以上，表面粗糙度 $Ra<10\mu\text{m}$。对模由阴阳两片模具组成，通过定位销配合。要求配合精度高，以免产生错位，影响产品质量。

② 模具需具备足够的强度、刚度及表面硬度。要能够承受自重和制品重量以及生产过程中的震动及活载荷的组合作用。对于大型制品，除满足强度要求外，刚度也很重要，防止模具变形，影响产品质量和模具的使用寿命。模具表面硬度应达到巴氏硬度 40 以上，保证产品表面质量，减小脱模时的损伤。

③ 脱模应方便、容易，且脱模过程中不能损伤产品。因此，模具的拐角曲率半径应尽可能的大，内侧拐角曲率半径应不小于 2mm，整体模具应设计脱模斜角，必要时借助水压和气压脱模。针对形状复杂的制品，有时需设计局部拼装组合模，侧抽芯的辅助结构。

④ 模具应具有足够的热稳定性，防止树脂固化放热以及外部加热固化引起模具变形，影响使用寿命。

⑤ 应合理选择分型面，既要有利于脱模，不产生脱模鞘，又要有利于产品型面规定完整。一般采用三点定位原则，即一点是中心定位，使上下模在同一中心线上；另两点是利用定位销定位，保证合模的配合精度。根据生产产品的要求来设计适宜的模具厚度和结构形式。玻璃钢模具应具有足够的强度、刚度和使用寿命，模具的厚度应根据产品的厚度、几何

形状、尺寸大小综合考虑，一般模具的厚度为制品厚度的 2～3 倍。根据模具的使用条件要求，模具的结构形式一般设计成包括胶衣层、过渡层、结构层、增强层的复合结构。铺层形式则视具体产品而定。为了便于脱模，在设计整体模具时应考虑一定的脱模斜度。对于玻璃钢模具，一般脱模斜度为 1°，对于较难脱模的部件，需在适当的位置设置气脱和顶出装置。

4.4.2　模具制造应注意的问题

模具特别是对模和拼装的设计中，其结构上还应根据需要设计有注射口、排气口、定位销、密封带、模具紧密装置及制品脱模装置等。在设计过程中，应着重考虑以下几点：

① 合理选择分模面。分模面的选择要有利于产品脱模，而且不能对产品表面造成损坏。

② 采用三点定位。一点是用中心定位，使用上下模在同一中心线上，以保证制品的端跳和轴跳达到设计要求；另两点用定位销以确保合模准确。

③ 注射口和排气口设计合理。注射口一般设在模具中心，一方面是因为这里与制品各部位等距，另一方面是注射树脂由下至上而行，为使腔内气体能顺利排出，排气口以中心对称设置两个或四个，并与模腔内的排气道相连，这样就可以排出腔内能导致产品缺陷的气体。

④ 制品脱模顶出装置。有些制品脱模比较困难，应在某些关键部位处设计金属模块，脱模时利用它顺利顶出制品。

用上述金属、木材、水泥等直接制造生产玻璃钢制品的模具时，要注意下面几个问题：

① 金属模不能镀铜，因为铜对聚酯有阻聚作用。

② 未干的模具、吸湿的模具使用前都要干燥，因为水分影响固化。

③ 采用石膏模一般有两种情况，一是用石膏模来翻制玻璃钢模，即按所设计的制品的实型制作石膏模型，再用手工或喷射方法在其上翻制玻璃钢模具；另一个是直接制造石膏模具，在其上用手工或喷射方法制造玻璃钢制品。特别是球形、筒形或其他异形容器制品，可用石膏模做阳模，制品加工完毕后可在制品中打破后取出。

在制造石膏模时，往往要用支架及麻布、铁丝网等增强。先用木料做好模型支架，使其有足够的强度和刚性，不致在加工模具或制品时发生扭曲变形；再将铁丝网固定在支架上，成为石膏模的衬托；然后铺以麻布增强的石膏，成为模型的主石膏层；最后用粗石膏覆盖、细石膏抹面，精心处理使表面达到准确尺寸。表面最好用细膨胀型石膏，并磨光。模型完成后，先放置 24h 以上，使之干燥，再在 60～80℃下硬化 1～2h，然后检查尺寸精确度，并作修整。

由于石膏模表面孔隙率大，可加入足够填料如石英砂，以减少收缩和裂纹，加入水泥（石膏：水泥＝7：3）以增加强度，还需用虫胶、醋酸纤维素、硝化纤维或聚乙烯醇溶液等密封。如气孔率较大时，密封层数要求增多。这一阶段表面处理是确保产品质量十分重要的一环，必须做好。

④ 小型木模可以在整块木头上雕刻；中型或形状复杂的木模可以分别作成几块，再粘合起来；如是大平面、较平坦的，可以用硬木板或胶合板作面层。制作木模的手工要求很高，一定要做到如家具或车厢外表那样的粗糙度，尺寸精确度高。

有时为便于脱模而做成拼装模具，但必须严格确定定位鞘钉及模具构造，使拼装后能保证尺寸精确。

⑤ 木材、石膏及水泥模具的表面，要进行封孔处理，防止渗进树脂，造成脱模困难，也防止模内水分发挥而影响固化。封孔常用的材料为泡立水，配方是虫胶片：酒精：丙酮＝10：35：5，搅拌均匀后，放置6～8h，如溶解困难，可加入适量香蕉水助溶。用纱布过滤后，即可用软毛刷涂刷。还可用醋酸纤维素、聚酯树脂或环氧树脂将气孔封满，再用不含有机硅的硬质蜡打光，最好上几次蜡，使表面达到高度光亮。

木模表面处理可按图4-3所示程序进行。

⑥ 石蜡模制成后可用棉纱擦光和修正。

⑦ 聚苯乙烯泡沫塑料不能和聚酯接触，因聚酯中苯乙烯对聚苯乙烯有溶解作用。

⑧ 模具表面要保持清洁，使用之前要除去油污和铁锈。

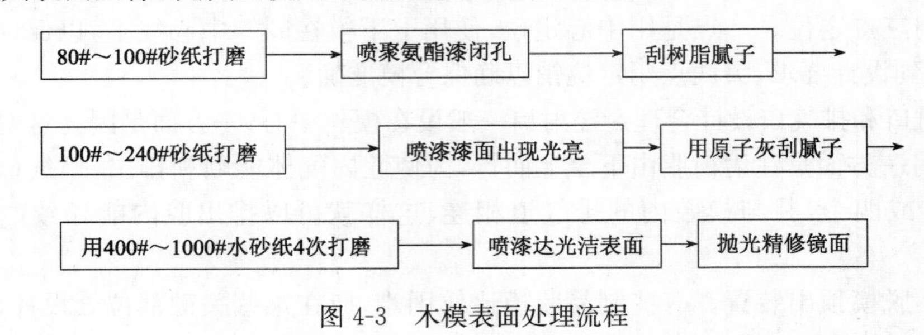

图4-3　木模表面处理流程

4.4.3　母模

玻璃钢模具本身就是一种玻璃钢制品，而这种玻璃钢制品（模具）的制作一般是根据产品图先设计出模具图，放样后用五合板等材料制成样板，在样板校正下，用水泥、石膏或木材等制出母模模坯，如果产品是圆锥体、圆柱体等，可将样板装成回转体。然后对母模母坯进行一系列表面处理，就可制成平顺度和粗糙度都理想的过渡模（形线和产品相同）。然后在过渡模上再翻制一个玻璃钢模子（形线和产品相反）。这里把翻制玻璃钢模子（过渡模）叫做母模。

在实际生产中，由于水泥模造价低，制作方便，因此目前在工厂里用它来制造母模较多，特别是大型产品。如果要生产的某个产品已有现成产品作为母模，直接翻制玻璃钢模子。

如果产品数量较多，或者使用中模具需要移动，那么用石膏或水泥模来直接生产玻璃钢产品，可能会造成不便。此时用玻璃钢来制造模具是可取的。

制造母模时，首先要制出模坯，然后进行表面处理。对母模模坯的要求首先是平顺而不是光洁。对于大型平面要做到很平顺是不容易的，因此，目前不少玻璃钢产品的表面有意设计出一些花纹图案，这样就减轻了要求平顺度所带来的工作量。母模模坯的平顺度要好，而对一般小洞、小裂缝等在一定程度上可以允许存在，因为接下去还要进行上油漆等表面处理。如果经过一系列表面处理后，模面仍有轻微的凹凸现象，那么原则是“宁凹不凸”。

4.5　模具的保养、维护和保管

4.5.1　模具的保养

① 总的原则是保养重于修补，修补难以得到好的模具。

② 一个模具必须一边使用一边保养。保养方法主要是重新打磨、抛光，保持粗糙度。当使用了脱模蜡，还发现脱模越来越困难或者发现生产出来的制品粗糙度不如以前，模具表面有一层蜡渣时，必须停止生产，用洁模水清洁模具。用棉布用力湿擦用蜡渣的地方，直到把蜡渣擦掉，再封孔两次，打 2～3 遍蜡即可继续生产。如发现擦不掉，就必须用抛光剂进行抛光，再洁模，封孔打蜡，直到光亮照人，可轻松脱模为止。

如用 PMR 高效脱模剂，发现脱模有困难时，可用 PMR 再处理模具 1～2 次，至可继续顺利脱模为止。

③ 模具修补。如果纤维已显露，凹陷较深，可以填入树脂加短切纤维的胶泥，必要时先打入铁钉，用树脂和短切纤维的胶泥填平，再涂上胶衣，盖上薄膜。如果仅是局部胶衣层损坏，则用砂纸将该部位打磨一下，用丙酮在该部位清洗一下，再用胶纸贴在该部位的周围，只露出需补部分，然后涂上胶衣并覆上薄膜。可用环氧树脂加金属填料，如铝、铁、SiC 等来修补，可使硬度提高，耐磨性增强。

④ 模具保管。模具服役告一阶段后，需要继续保管时，应当注意以下几点：a. 不准放在露天，否则胶衣要老化，龟裂；b. 如果放在室外，表面要覆盖，防止碰伤、老化，防止金属支架锈腐；c. 也可在模具表面涂上脱模剂，并糊上 1～2 层玻璃钢材料，这样既防老化，又防碰伤。

4.5.2　模具的校正

玻璃钢模具因收缩变形影响外观质量、尺寸精度的问题，一直是困扰玻璃钢生产的一个难题，特别是平面类如桌面等模具，通常随着桌面面积增大而凹心加剧，因此从模具的制作上要求严格控制变形，以最大限度地保证玻璃钢产品的尺寸精度。

以玻璃钢桌面模具为例，通常控制变形采取的方法是：①增加模具的壁厚；②利用外加固的方式和施加外力调整变形。第一种方法因玻璃钢成本较高，因此增加壁厚加大了费用，且变形量降低地并不明显，实践证明利用第二种方法能够较为理想地解决模具变形的问题。

受国外进口玻璃钢模具均为钢结构形式加固的提示，在玻璃钢模具成型后，用金属型钢（具体视模具形体、几何尺寸等因素决定采用何种型钢）严格遵照形状焊接加固，并在易变形部位（如中心部区域）加数点调节螺丝，然后用玻璃纤维方格布裁成布条，将加强框与模具母体糊制成一体，待充分固化后，脱模校正模具整体的尺寸。如发现凹心就使用调节螺丝进行微调，防止造成模具表面出现裂纹；如发现模具鼓心，则将调节螺丝与模具制成一体进行反向微调。模具在生产使用一段时间之后，需查几何尺寸，发现凹凸现象即可重复上述调整过程。

4.6 模具翻新与修补

4.6.1 模具翻新

1. 选用材料

聚酯易打磨底胶；聚酯高光胶衣。

2. 操作步骤

① 用80～120目砂纸彻底打磨胶衣层，去除有缺陷的胶衣。

② 用干净棉布蘸取快干溶剂(丙酮)擦净模具表面。

③ 机械搅拌易打磨底胶。

④ 取一定量的易打磨底胶加2%固化剂搅拌，视其黏度大小再加5%～30%丁酮稀释。

⑤ 将易打磨底胶喷漆(薄层多遍)在模具表面，湿层厚度≤0.75mm。

⑥ 1～4h干燥固化，用220～320目砂纸砂磨表面，让其溶剂挥发。

⑦ 静置8h以上，打磨、修型。

⑧ 用干净棉布蘸取快干溶剂(丙酮)擦净打磨表面。

⑨ 取一定量的高光胶衣加2%固化剂搅拌，视其黏度大小再加5%～10%丁酮稀释。

⑩ 将高光胶衣喷漆(薄层多遍)在修复区域，湿层厚度建议0.2～0.25mm。

⑪ 4～6h后用400目砂纸砂磨表面，让其溶剂挥发。

⑫ 8h后用600～1200目砂纸砂磨表面。

⑬ 研磨(用抛光膏)。

⑭ 抛光(用抛光膏)。

3. 注意事项

① 搅拌：修复产品在使用前必须充分搅拌。

② 混合顺序：如果需要稀释，应先将产品和固化剂混合，再加入丁酮搅拌均匀。

③ 凝胶时间的掌握：每次只配16～18min可喷完的量，避免胶衣在喷壶内凝固。

④ 喷射压力的调整以及气源的过滤。

⑤ 打磨：打磨时最好从同一方向上打磨，换高标号水砂纸打磨时，从垂直方向开始打磨。

⑥ 抛光：羊毛轮分粗细两种，抛光膏不用在产品上满涂覆。

备注：

① 上述两种材料均采用油漆用喷壶喷涂，需不同口径的两个喷壶。

喷涂用喷壶口径：聚酯易打磨底胶2.0～2.5mm；聚酯高光胶衣1.0～1.5mm。

② 压力：罐压力68.95～103.42kPa(10～15psi)；管路压力275.79～344.74kPa(40～50psi)。

③ 其他辅助材料的要求：丁酮作为稀释剂，化学试剂商店有售；固化剂过氧化钾乙酮，活性含氧量8.8%～9.0%。

以上产品的最终使用量视需修复模具的表面情况而定，涂覆厚度一般会在0.25～0.5mm之间，其中聚酯易打磨胶底比聚酯高光胶衣用量多一些。

4.6.2　原模表面处理

1. 选用材料

聚酯封孔剂；聚酯基础胶底；聚酯易打磨胶底；聚酯高光胶衣。

2. 操作步骤

① 用干净的棉布蘸取快干溶剂（丙酮）擦净模具表面。

② 取一定量的封孔剂加2%固化剂搅拌。

③ 用刷子蘸取少量的封孔剂刷在原模具表面，用干净棉布擦去多余部分。

④ 固化1～2h后，擦净原模表面。

⑤ 取一定量的基础胶底加2%固化剂搅拌，视其黏度大小再加5%～30%丁酮稀释。

⑥ 将其喷涂（薄层多遍）在原模表面，湿层厚度≤3mm。

⑦ 1～2h干燥固化后砂磨（220～230目）表面，让其溶剂挥发。

⑧ 净置8h以上，用砂纸或者刀具修型。

⑨ 用干净棉布蘸取快干溶剂（丙酮）擦净打磨表面。

⑩ 取一定量的易打磨胶底加2%固化剂搅拌，视其黏度大小再加5%～30%丁酮稀释。

⑪ 将其喷涂（薄层多遍）在模具表面，湿层厚度建议≤0.75mm。

⑫ 1～4h干燥固化砂磨（220～230目）表面，让其溶剂挥发。

⑬ 如果表面要求一般光洁度，可净置8h以上并用600～1200目砂纸打磨表面，研磨、抛光。

⑭ 如表面要求高光洁度，净置8h以上。

⑮ 用干净棉布蘸取快干溶剂（丙酮）擦净已打磨的表面。

⑯ 取一定量的高光胶衣加2%固化剂搅拌，视其黏度大小再加5%～10%丁酮稀释。

⑰ 将高光胶衣喷涂（薄层多遍）原模表面，湿层厚度建议0.2～0.5mm。

⑱ 4～6h后用400目砂纸砂磨表面，让其溶剂挥发。

⑲ 静置8h后600～1200目砂纸砂磨表面。

⑳ 研磨（用抛光膏）。

㉑ 抛光（用抛光膏）。

3. 注意事项

① 原模必须是干燥的，而且表面无油、无污。

② 搅拌：修复产品在使用前必须充分搅拌，尤其是聚酯基础胶底和聚酯易打磨胶底必须使用机械搅拌。

③ 混合顺序：如果需稀释的话，应先将产品和固化剂混合，再加入丁酮搅拌均匀。

④ 凝胶时间的掌握：每次只配16～18min可喷完的量，避免在喷壶内凝胶。

⑤ 喷射压力的调整以及气源的过滤。

⑥ 打磨：打磨时最好在同一方向上打磨，换高标号水砂纸打磨时，从垂直方向开始打磨。

⑦ 羊毛轮分粗细两种，抛光膏不用在产品上满涂覆。

备注：

① 上述两种材料均采用油漆用喷壶喷涂，需用不同口径的两个喷壶。

喷涂用喷壶口径：聚酯易打磨底胶 2.0～2.5mm；聚酯高光胶衣 1.0～1.5mm。

② 压力：罐压力 68.95～103.42kPa（10～15psi）；管路压力 275.79～344.74kPa（40～50psi）。

③ 其他辅助材料的要求：丁酮作为稀释剂，化学试剂商店有售；固化剂过氧化钾乙酮，活性含氧量 8.8%～9.0%。

4.6.3 模具局部修补

1. 选用产品

乙烯基酯修复腻子。

2. 操作步骤

① 80～120 目的砂纸彻底砂磨修复区域，并至玻纤层。

② 用干净的棉布蘸取快干剂（如丙酮）擦净打磨区域。

③ 取一定量的腻子并加入 3%BPO 固化剂搅拌均匀（固化剂的加入量可以通过固化剂与腻子混合后的颜色与色卡对比来控制）。

④ 将腻子填入修复区域，并让修补区的腻子稍稍隆起。

⑤ 固化后（1h 左右），用 400～600 目砂纸打磨。

⑥ 用 600～1000 目的砂纸打磨。

⑦ 研磨（用抛光膏）。

⑧ 抛光（用抛光膏）。

备注：

该修复腻子具有很多优良的性能，如：高强度、低气孔率、高的热变形温度，并且在一小时内迅速固化，表面即准备完毕，可直接砂磨、抛光，模具即可投入使用。

4.7 脱 模 剂

脱模剂应是模具不可缺少的组成部分，没有脱模剂，任何精心制作的模具都会与制品之间发生粘结，造成脱离时的损伤，而降低表面光洁程度。

脱模剂应是在玻璃钢制品成型之前，在模具工作面上涂敷一层可以使其与制品分离的物质，这种物质不应腐蚀模具，不会影响树脂固化成膜均匀、光滑（这意味着必须和制品、模具表面的粘结力小，是非极性或弱极性物质），还要求成模时间短，使用方便，价格便宜。脱模剂是决定玻璃钢制品质量的重要因素。脱模剂的选用与模具材料、树脂种类、固化温度、制造周期、敷设时间等众多因素有关。脱模剂种类见表 4-3，几种脱模剂配方及用途见表 4-4。

表 4-3　脱模剂种类

种类	示例	优缺点	使用
片状	玻璃纸、涤纶薄膜、聚氯乙烯薄膜、聚乙烯薄膜、聚酰亚胺薄膜、聚四氟乙烯薄膜	使用方便，脱模效果好；因形变性小，在复杂型面上不易贴平。聚酯树脂中苯乙烯可溶聚氯乙烯和聚乙烯，故高温玻璃钢制品不能使用聚氯乙烯和聚乙烯薄膜，而要使用聚四氟乙烯、聚酰亚胺薄膜	油膏粘贴模具工作表面
液状	聚乙烯醇溶液(PAP)(%) 聚乙烯醇 5～8 乙醇 35～60 水 60～35	价廉、无毒、来源方便、使用性能好，使用温度150℃以下，120℃以下效果最好。干燥慢、涂刷周期长，如不干燥完全，残余水分对树脂固化不利	聚乙烯醇加入 250℃水，2～3h 全部溶解，过滤后加入乙醇
	聚苯乙烯脱模剂(%) 颗粒状聚苯乙烯树脂 5 甲苯 95	用于环氧玻璃钢脱模效果好，不能用于聚酯玻璃钢(聚苯乙烯会受溶)，成模时间短，膜层表面平滑光亮，有毒，使用温度 100℃以下	将聚苯乙烯树脂按比例加入甲苯，放置几天，搅拌均匀，溶解后即可使用(亦可在 50℃下微热)
	硅油、硅脂、硅橡胶	脱模效果好，耐高温、可在 200℃下使用，未挥发溶剂对制品固化和质量不利，必须彻底干燥。易起皱纹、影响物品质量，将物品表面擦干，取少量均匀涂抹连续数次，可获高级光洁表面，并不影响表面喷漆，使用方便，价格较高	溶解在多聚乙烷、二甲苯、甲苯等溶剂中使用，配成 1%～2%浓度
蜡状油状	石蜡、汽车蜡、地板蜡、耐热油膏、石蜡汽油乳液、凡士林	方便、无毒、无腐蚀作用，易使制品混污不光洁，只能室温固化，制品涂漆困难	
复合	过氯乙烯溶液(%) 粉状过氯乙烯树脂 5～10 甲苯和丙酮(1：1)95～90	对大型或形状复杂制品效果理想，使用木模、石膏模封孔，使用温度 120℃以下，有毒	组分混合后放置 24h，搅拌均匀后使用，封闭可加香蕉水、清漆稀释
	醋酸纤维素溶液(%) 二醋酸纤维素 5，乙醇 4，乙烯乙酯 20，双丙酮醇 5，甲乙酮 24，丙酮 48	成膜光洁，平整，使用方便，毒性小，价高，适用于聚酯，不能用于环氧，最好与聚乙烯醇混合使用	将醋酸纤维素加入各种溶剂搅拌均匀

表 4-4　几种脱模剂配方及用途

名称	配制比例(质量分数)	性能	应用范围
聚乙烯醇溶液	聚乙烯醇 6～8，水 48，酒精 44，丙酮 5	成模快，完整，表面光洁	玻璃钢模具、金属模具
虫胶液	虫胶 8，酒精 92	渗透性强，能堵塞微孔	石膏模、木模表面底层
汽车蜡	市场供应	使用方便，成膜困难	木模、玻璃钢模
凡士林脱模剂	凡士林 50，煤油 5，石蜡 10，硬脂酸 5	使用方便，防黏性好	石膏模、水泥模、木模
石膏腻子	石膏粉 10，白漆 6，水 3，香蕉水 2	使用方便，善堵塞微孔	石膏模、木板
醋酸纤维素薄膜	市场供应	表面光洁性好	各种模具的平面性

小　结

主要内容	知识点	学习重点	提示
手糊成型模具的设计，具体内容包括手糊成型模具的结构形式、制造模具用材料、模具制造的原则和方法、模具的保养和修补以及脱模剂的选用等内容	手糊成型模具的结构、制造模具用材料、模具制造的原则和方法、模具的保养和修补、脱模剂	手糊成型模具的结构、模具制造的原则和方法	手糊成型模具结构一般分为单模和敞口对模，模具设计时应充分考虑产品外形、强度保证、易于脱模等要求

复　习　题

4-1　手糊成型模具的类型及特点是什么？

4-2　哪些材料可以用来制造模具？

4-3　用不同材料制造模具应注意什么问题？

4-4　什么是母模？

4-5　制造母模时要注意哪些问题？

4-6　母模的表面加工有哪些工序？

4-7　在母模上翻制玻璃钢模时应注意哪些问题？

4-8　如何制作聚酯玻璃钢模具及环氧玻璃钢模具？

4-9　新的FRP模具表面加工有哪些做法？

4-10　FRP模具如何进行保养、维护和保管？

4-11　脱模剂的类型有哪些？

项目 5 压制模具设计

【项目简介】

本项目主要介绍塑料压制成型模具的设计，具体内容包括压制成型模具的基本组成及结构形式、压模与压机相关参数的校核计算及加料室的设计计算。

【任务目标】

1. 掌握压制成型模具的基本结构组成。

2. 掌握压模与压机相关参数的校核计算方法。能够根据设计要求合理选择压力机型号。

3. 掌握加料室设计计算方法。

模压成型工艺最主要的工艺设备就是压制成型模具。它对模具的要求要能承受20～80MPa的高压；能耐成型时模塑料对模具的摩擦；在175～200℃时，其硬度应无显著下降；能耐模塑料及脱模剂的化学腐蚀；表面光滑；尺寸复合制品要求；在结构上要利于模压料的流动及制品的取出，并能满足工艺操作上的要求。

设计模具时应考虑制品的物理机械性能；模压料的成型工艺性能；制品成型后的收缩率；制品及模具形状应有利于物料流动和排气；有利于稳定快速加热；结构尽量简单，降低成本。

5.1 压制模具分类

5.1.1 按其是否装固在液压机上分类

1. 移动式模具

属于机外装卸的模具。一般情况下，模具的分模、装料、闭合及成型后塑件由模具内取出等均在机外进行，模具本身不带加热装置且不装固在机床上，故通称移动式模具。这种模具适用于成型内部具有很多嵌件、螺纹孔及旁侧孔的塑件、新产品试制以及采用固定式模具加料不方便等情况。

移动式模具结构简单，制造周期短，造价低，因此，设计时应考虑模具尺寸和重量，都不宜过大。

2. 固定式模具

属机内装卸的模具。它装固在机床上，且本身带有加热装置，整个生产过程即分模、装料、闭合、成型及成型后顶出塑件等均在机床上进行，故通称固定式模具。固定式模具使用方便，生产效率高，劳动强度小，模具使用寿命长，适于产量大、尺寸大的塑件生产。其缺点是模具结构复杂，造价高，且安装嵌件不方便。

3. 半固定式模具

半固定式压制模开合模在机内进行，一般将上模固定在压机上，下模可沿导轨移动，用定位块定位，合模时靠导向机构定位。也可按需要采用下模固定的形式，工作时则移出上模，用手工取件或卸模架取件。该结构便于放嵌件和加料，用于小批量生产，减小劳动强度。

5.1.2 按模具加料室的形式分类

1. 溢式压制模

溢式压制模又称敞开式压制模，如图 5-1 所示。这种模具无加料室，型腔即可加料，型腔的高度基本上就是塑件的高度。型腔闭合面形成水平方向的环形挤压边，以减薄塑件飞边。压塑时多余的塑料极易沿着挤压边溢出，使塑料具有水平方向的毛边。模具的凸模与凹模无配合部分，完全靠导柱定位，仅在最后闭合后凸模与凹模才完全密合。

压缩时压机的压力不能全部传给塑料。模具闭合较快，会造成溢料量的增加，既造成原料的浪费，又降低了塑件密度，强度不高。溢式模具结构简单，造价低廉，耐用(凸凹模间无摩擦)，塑件易取出，通常可用压缩空气吹出塑件。对加料量的精度要求不高，加料量一般稍大于塑件质量的 5%～9%，常用预压型坯进行压缩成型，适用于压缩成型厚度不大、尺寸小且形状简单的塑件。

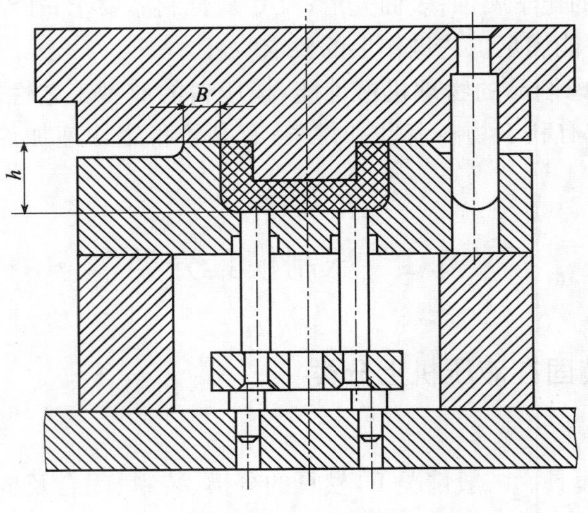

图 5-1 溢式压缩模

2. 不溢式压制模

不溢式压制模又称封闭式压制模，如图 5-2 所示。这种模具有加料室，其断面形状与型腔完全相同，加料室是型腔上部的延续。没有挤压边，但凸模与凹模有高度不大的间隙配合，一般每边间隙值约 0.075mm 左右，压制时多余的塑料沿着配合间隙溢出，使塑件形成垂直方向的毛边。模具闭合后，凸模与凹模即形成完全密闭的型腔，压制时压机的压力几乎能完全传给塑料。

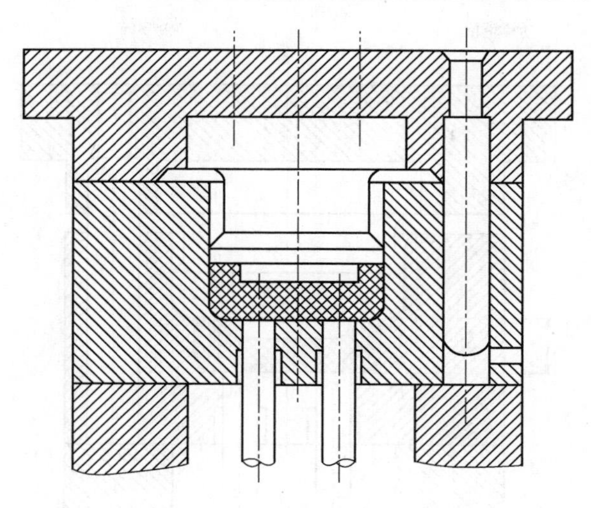

图 5-2　不溢式压缩模

不溢式压制模的特点：

① 塑件承受压力大，故密实性好，强度高。

② 不溢式压制模由于塑料的溢出量极少，因此加料量的多少直接影响着塑件的高度尺寸，每模加料都必须准确称量，所以塑件高度尺寸不易保证，因此流动性好，容易按体积计量的塑料一般不采用不溢式压制模。

③ 凸模与加料室侧壁摩擦，不可避免地会擦伤加料室侧壁，同时，加料室的截面尺寸与型腔截面相同，在顶出时带有伤痕的加料室会损伤塑件外表面。

④ 不溢式压制模必须设置推出装置，否则塑件很难取出。

⑤ 不溢式压制模一般不应设计成多腔模，因为加料不均衡就会造成各型腔压力不等，而引起一些制件欠压。

不溢式压制模适用于成型形状复杂、壁薄和深形塑件，也适用于成型流动性特别小、单位比压高和比容大的塑料。例如用它成型棉布、玻璃布或长纤维填充的塑料制件效果好，这不仅是因为这些塑料流动性差，要求单位压力高，而且若采用溢式压制模成型，当布片或纤维填料进入挤压面时，不易被模具夹断而妨碍模具闭合，造成飞边增厚和塑件尺寸不准，去除困难。而不溢式压制模没有挤压面，所得的飞边不但极薄，而且飞边在塑件上呈垂直分布，去除比较容易，可以用平磨等方法去除。

3. 半溢式压制模

又称为半封闭式压制模，如图 5-3 所示。这种模具具有加料室，但其断面尺寸大于型腔尺寸。凸模与加料室呈间隙配合，加料室与型腔的分界处有一环形挤压面，其宽度约4～5mm。挤压边可限制凸模的下压行程，并保证塑件的水平方向毛边很薄。

半溢式压制模的特点：

① 模具使用寿命较长。因加料室的断面尺寸比型腔大，故在顶出时塑件表面不受损伤。

② 塑料的加料量不必严格控制，因为多余的塑料可通过配合间隙或在凸模上开设的溢料槽排出。

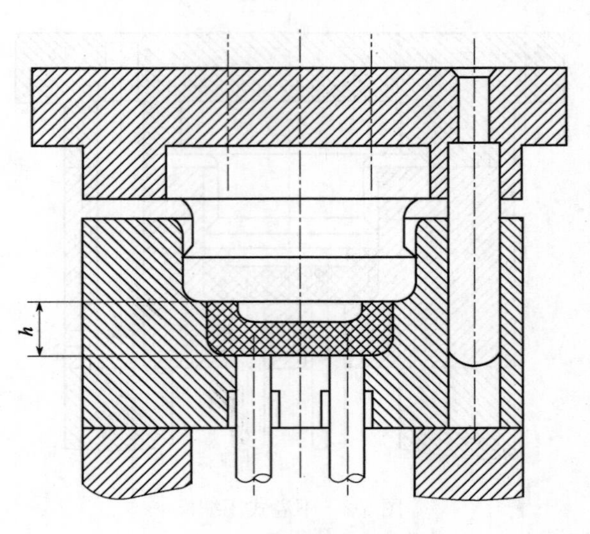

图 5-3　半溢式压缩模

③ 塑件的密度和强度较高，塑件径向尺寸和高度尺寸的精度也容易保证。

④ 简化加工工艺。当塑件外形复杂时，若用不溢式压制模必定造成凸模与加料室的制造困难，而采用半溢式压制模则可将凸模与加料室周边配合面简化。

⑤ 半溢式压制模由于有挤压边缘，在操作时要随时注意清除落在挤压边缘上的废料，以免此处过早地损坏和破裂。

由于半溢式压制模兼有溢式压制模和不溢式压制模的特点，因而被广泛用来成型流动性较好的塑料及形状比较复杂、带有小型嵌件的塑件，且各种压制场合均适用。

5.2　压模与压机的关系

压机是压缩成型的主要设备，压制模设计者必须熟悉压机的主要技术性能，特别是压机的最大工作能力和装模部分有关尺寸等，否则模具无法安装在压机上或塑件不能取出。模具所要求的压制能力与压机本身的能力应相符合，如压制能力不足，则生产不出合格塑件，反之又会造成设备生产能力的浪费。

5.2.1　成型压力的校核

成型压力是指塑料压塑成型时所需的压力。它与塑件几何形状、水平投影面积、成型工艺等因素有关，成型压力必须满足下式

$$F_M \leqslant KF_P \tag{5-1}$$

式中　F_M——用模具成型塑件所需的成型总压力，N；

F_P——压机的公称压力，N；

K——修正系数，一般取 0.75～0.90，视压机新旧程度而定。

模具成型塑件时所需总压力如下

$$F_M = 10^6 nAp \tag{5-2}$$

式中　n ——型腔数目；

A ——每一型腔加料室的水平投影面积，m^2；

p ——塑料压缩成型时所需的单位压力，MPa。

当确定压机后，可确定型腔的数目，从式(5-1)和(5-2)中可得

$$n \leqslant \frac{KF_P}{AP} \tag{5-3}$$

5.2.2　开模力和脱模力的校核

1. 开模力的计算

开模力可按下式计算

$$F_K = K_1 F_M \tag{5-4}$$

式中　F_K ——开模力，N；

K_1 ——系数，塑件形状简单、配合环(凸模与凹模相配合部分)不高时取 0.1；配合环较高时取 0.15；形状复杂配合环较高时取 0.2。

用机器力开模，因 $F_P \geqslant F_M$，所以 F_K 是足够的，不需要校核。

2. 脱模力的计算

脱模力是将塑件从模具中顶出的力，必须满足

$$F_d > F_t \tag{5-5}$$

式中　F_d ——压机的顶出力，N；

F_t ——塑件从模具内脱出所需的力，N。

脱模力的计算公式如下

$$F_t = 10^6 A_c P_j \tag{5-6}$$

式中　A_c ——塑件侧面积之和，m^2；

P_j ——塑件与金属的结合力，MPa。

塑件与金属的结合力见表 5-1。

表 5-1　塑件与金属的结合力(MPa)

塑料性质	P_j
含木纤维和矿物填料的塑料	0.49
玻璃纤维塑料	1.47

5.2.3　压制模高度和开模行程的校核

使模具正常工作，就必须使模具的闭合高度和开模行程与液压机上下工作台面之间的最大和最小开距以及活动压板的工作行程相适应，即

$$h_{min} \leqslant h \leqslant h_{max} \tag{5-7}$$

$$h = h_1 + h_2 \tag{5-8}$$

式中　h_{min} ——压机上下模板之间的最小距离，mm；

h_{max} ——压机上下模板之间的最大距离，mm；

h ——合模高度，mm；

h_1 ——凹模的高度，mm，如图 5-4 所示；

h_2 ——凸模台肩高度，mm，如图 5-4 所示；

如果 $h < h_{min}$，上下模不能闭合，压机无法工作，这时在上下压板间必须加垫板，以保证 $h_{min} \leqslant h +$ 垫板厚度。

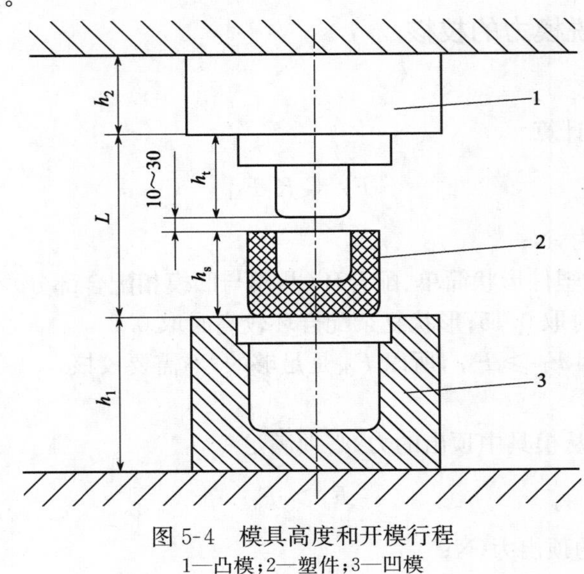

图 5-4　模具高度和开模行程

1—凸模；2—塑件；3—凹模

除满足 $h_{max} > h$ 外，还要求 h_{max} 大于模具的闭合高度与开模行程之和，如图 5-4 所示，以保证顺利脱模。即

$$h_{max} \geqslant h + L \tag{5-9}$$

$$L = h_s + h_t + (10 \sim 30) \tag{5-10}$$

故

$$h_{max} \geqslant h + h_s + h_t + (10 \sim 30) \tag{5-11}$$

式中　h_s ——塑件高度，mm；

h_t ——凸模高度，mm；

L ——模具最小开模距，mm。

5.2.4　压机工作台面尺寸与模具的固定

压机有上下两块压模固定板，称为上压板（或动梁）和下压板（或工作台）。模具宽度应小于液压机立柱或框架之间的距离，使模具能顺利地通过。模具的最大外形尺寸不宜超过台面尺寸，否则便无法安装固定模具。

液压机的上下两个压板多开有相互平行或沿对角线交叉的 7 形槽。模具的上下模可直接用四个螺钉分别固定在上压板和工作台上。压模脚上的固定螺钉孔(或长槽、缺口)应与台面上的 7 形槽位置相符合。模具也可用压板螺钉压紧固定,此时模脚尺寸比较自由,只需设计出宽 15～30mm 的凸缘台阶即可。

5.2.5　压机顶出机构的校核

固定式压模一般均利用压机工作台面下的顶出机构(机械式或液压式)驱动模具脱模机构进行工作,因此压机的顶出机构与模具的脱模两者的尺寸应相适应,即模具所需的脱模行程必须小于压机顶出机构的最大工作行程,其中,模具需用的脱模行程 L_d 一般应保证塑件脱模时高出凹模型腔 10～15mm,以便将塑件取出,图 5-5 所示即为塑件高度与压机顶出行程的尺寸关系图。顶出距离必须满足

$$L_d = h_s + h_3 + (10 \sim 15)\ \mathrm{mm} \leqslant L_P \tag{5-12}$$

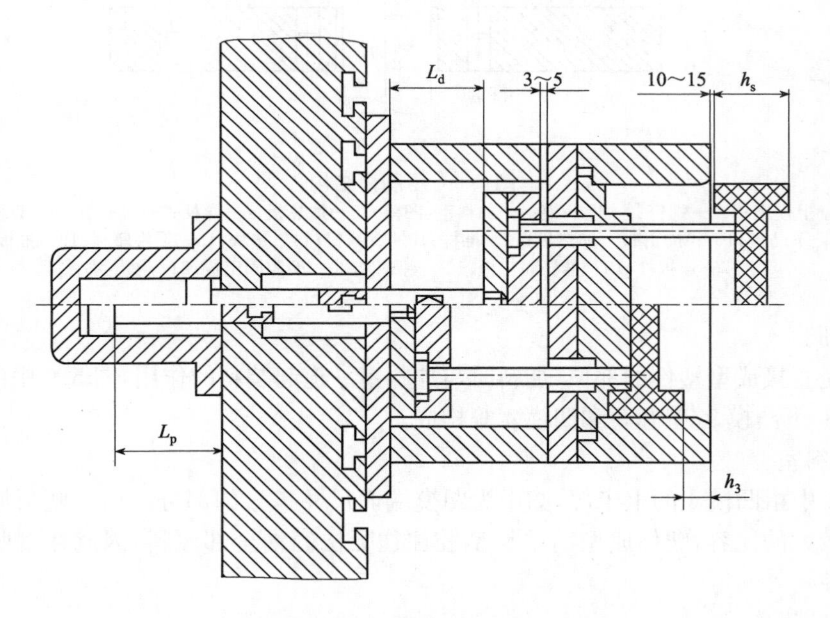

图 5-5　塑件高度与压机顶出行程

5.3　压制模的典型结构及组成

5.3.1　典型的压制模结构

压制模主要用于成型热固性塑件。典型的压制模结构如图 5-6 所示,它可分为固定于压机上压板的上模和下压板的下模两大部分。

压制模具由以下几部分组成。

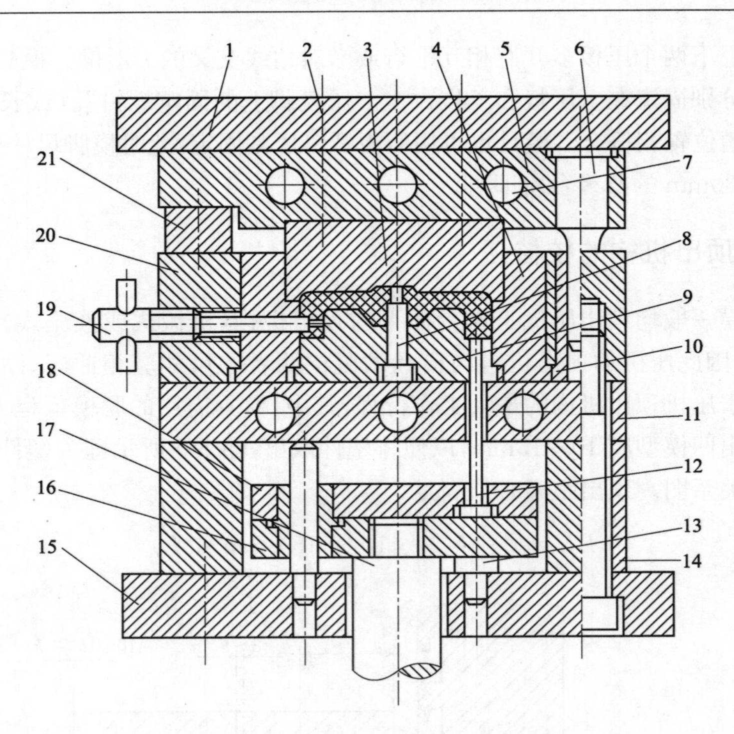

图 5-6　压制模结构

1—上模座板；2—螺钉；3—上凸模；4—加料室（凹模）；5—加热板；6—导柱；7—加热孔；8—型芯；9—下凸模；10—导套；11—加热板；12—推杆；13—支撑钉；14—垫块；15—下模座板；16—推板；17—连接杆；18—推杆固定板；19—侧型芯；20—型腔固定板；21—承压块

(1)型腔

型腔是直接成型塑件的部位，加料时与加料室一道起装料的作用，图 5-6 中的模具型腔由上凸模 3、下凸模 9、型芯 8 和凹模 4 等构成。

(2)加料室

图 5-6 中指凹模 4 的上半部，图中为凹模端面尺寸扩大的部分。由于塑料原料与塑件相比具有较大的比容，塑件成型前单靠型腔往往无法容纳全部原料，因此在型腔之上设有一段加料腔。

(3)导向机构

图 5-6 中由布置在模具上周边的四根导柱 6 和导套 10 组成。导向机构用来保证上下模合模的对中性。为了保证推出机构上下运动平稳，该模具在下模座板 15 上设有二根推板导柱，在推板上还设有推板导套。

(4)侧向分型抽芯机构

在成型带有侧向凹凸或侧孔的塑件时，模具必须设有各种侧分型抽芯机构，塑件方能抽出。图 5-6 中的塑件有一侧孔，在推出之前用手动丝杠抽出侧型芯 19。

(5)脱模机构

固定式压制模在模具上必须有脱模机构（推出机构），图 5-6 中的脱模机构由推板 16、推杆固定板 18、推杆 12 等零件组成。

(6)加热系统

热固性塑料压缩成型需在较高的温度下进行,因此模具必须加热。常见的加热方式有电加热、蒸汽加热、煤气或天然气加热等,但以电加热为普遍。图5-6中加热板5、11分别对上凸模、下凸模和凹模进行加热,加热板圆孔中插入电加热棒。在压缩热塑性塑料时,在型腔周围开设温度控制通道,在塑化和定型阶段,分别通入蒸汽进行加热或通入冷水进行冷却。

5.3.2　压制模的工作原理

压制模的工作原理如图5-6所示。开模后,将配好的塑料原料倒入凹模4上端的加料室,上下模闭合使装于加料室和型腔中的塑料受热受压,成为熔融态充满整个型腔,当塑件固化成型后,上下模打开,利用顶出装置顶出塑件。

5.4　加料室的设计及其计算

溢式模具无加料室,塑料是堆放在型腔中部。不溢式及半溢式模具在型腔以上有一段加料室,其容积应等于塑料原料体积减去型腔的容积,塑料原料体积可按下式计算:

$$V = m\nu = V_p \rho \nu \tag{5-13}$$

式中　V——每次加入塑料原料体积,cm^3;

m——塑件质量,包括溢料和毛边,g;

ν——压塑料比容,cm^3/g,见表5-2;

V_p——塑件体积(包括溢料边),cm^3;

ρ——塑件密度,g/cm^3。

表5-2　各种压制塑料的比容

塑料种类		比容(cm^3/g)
酚醛塑料	以木粉为填料的热塑性塑料(粉料)	1.8～2.2
	以木粉为填料的热固性塑料(粉料)	2.2～3.2
氨基塑料	粉料	2.5～3.0
碎布塑料	片状料	3.0～6.0

图5-7为加料室高度的计算图。加料室断面尺寸(水平投影)可根据模具类型确定,不溢式压模加料断面尺寸与型腔断面尺寸相等。而其变异形式则稍大于型腔断面尺寸。半溢式压模加料室断面尺寸应等于型腔断面加上挤压面,加料室断面尺寸决定后,即可算出加料室高度。

$$H = \frac{V + V_1}{A} + (0.5 \sim 1) \tag{5-14}$$

式中　H——加料室高度,cm;

V——塑料粉体积,cm^3;

V_1——下凸模凸出部分的体积,cm^3;

A——加料室的断面积,cm^2。

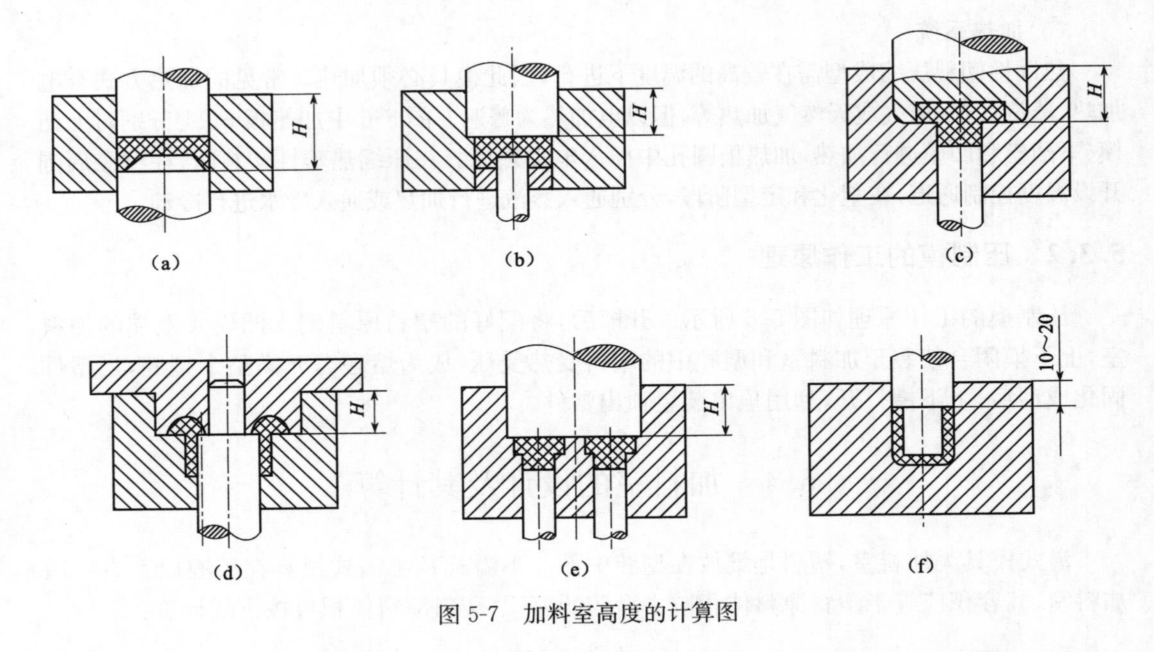

图 5-7　加料室高度的计算图

0.5～1cm 为不装塑料的导向部分，由于有这部分过剩空间，可避免在闭模过程中塑料粉飞出。

图 5-7(f)所示为压塑壁薄且高的杯形塑件，由于型腔体积大，塑料粉体积较小，塑件原料装入后其体积尚不能达到塑件高度，这时型腔(包括加料室)总高度可采用塑件高度加上 10～20mm，即

$$H = h + (1.0 \sim 2.0) \tag{5-15}$$

式中　H——塑件高度，cm。

图 5-7(b)、(c)、(d)、(e)为半溢式压模，其中图(b)为塑件在加料室(挤压边)以下成型的形式。

图(c)所示为塑件部分形状在挤压边以上成型的形式，(b)、(c)两种形式加料室高为

$$H = \frac{V - V_0}{A} + (0.5 \sim 1) \tag{5-16}$$

式中　V_0——挤压边以下型腔的体积，cm^3。

图(d)所示为带中心导柱的半溢式压模

$$H = \frac{V + V_1 - V_0}{A} + (0.5 \sim 1) \tag{5-17}$$

式中　V_1——在加料室高度内导向柱占据的体积，cm^3。

图(e)所示为多型腔压模

$$H = \frac{nV_{0\pi}}{A} \tag{5-18}$$

式中　$V_{0\pi}$——挤压边以下单个型腔能容纳塑料的体积，cm^3；

n——在该共用加料室内压制的塑件数。

对于压缩比特别大的以碎布为填料或以纤维为填料的塑料制件，为降低加料室高度，可采用分次加料的办法，即第一次部分加料后进行压缩，然后再进行第二次加料，再压缩，一直到加足为止。也可以采用预压锭加料，这时加料室高度可酌情降低。

例1：计算图5-8所示加料室高度值H，材料为酚醛粉状塑料，塑件密度$\rho=1.4kg/cm^3$。

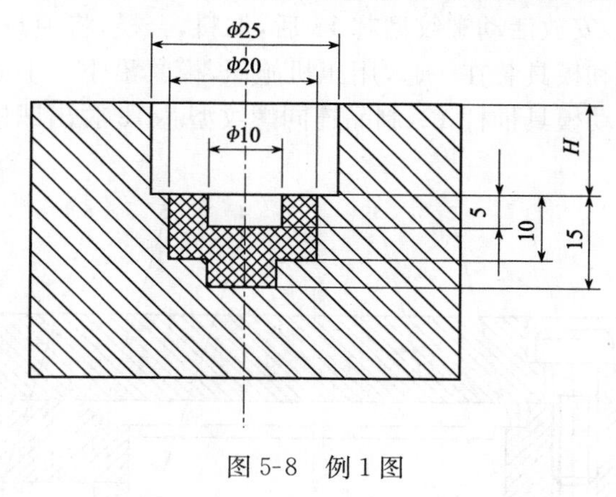

图5-8　例1图

由式5-16知：

$$H=\frac{V-V_0}{A}+(0.5\sim1)$$

V_0为挤压边以下塑件的体积：

$$V_0=\frac{\pi}{4}\times1^2\times(1.5-1)+\frac{\pi}{4}\times2^2\times1=\frac{9}{8}\pi$$

塑件的体积：

$$V_p=\frac{\pi}{4}\times1^2\times(1.5-1)+\frac{\pi}{4}\times2^2\times1-\frac{\pi}{4}\times1^2\times0.5=\frac{\pi}{4}\times2^2\times1=\pi$$

塑料粉的体积：

$$V=m\nu=V_p\rho\nu=V_p\times2.2\times1.4=3V_p=9.43$$

加料室的面积：

$$A=\frac{\pi}{4}\times2.5^2=4.9$$

加料室高度：

$$H=\frac{V-V_0}{A}+(0.5\sim1)=\frac{9.43-\frac{9}{8}\pi}{4.9}+(0.5\sim1)=1.2+0.8=2\ \text{cm}$$

5.5 压制模具实例

图 5-9 为基座压制模。工作原理：该模具为手动半溢式压模，模具由装在机床上下工作台上的加热板来加热。模具内部设有 3 根推杆 12，通过压机对上下卸模架施加压力，完成分型和推出制品动作。

开模时将上模取开，安放活动螺纹型芯 13 后，加料，合模，将模具放入压机中。压制成型结束，将上、下卸模架和模具装在一起，用压机施压，模具沿Ⅰ—Ⅰ面和Ⅱ—Ⅱ面分型，同时下卸模架上的推杆推动模具推杆 12，制品连同螺纹型芯 13 脱出凹模，人工将螺纹型芯旋下即可获得制品。

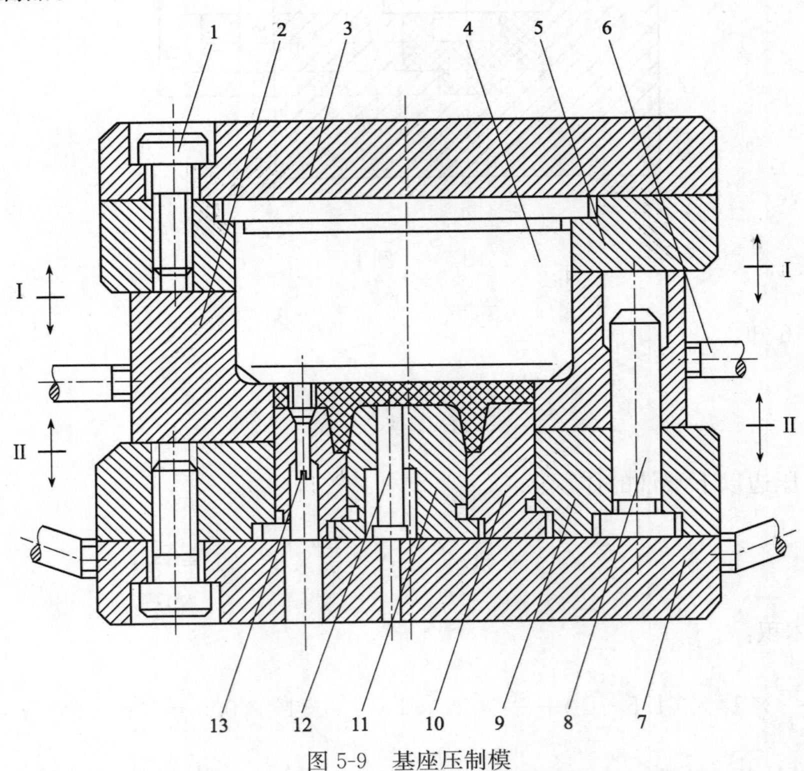

图 5-9 基座压制模

1—螺钉；2—凹模；3—上模板；4—凸模；5—凸模固定板；6—手柄；7—下模板；8—导柱；9—型芯固定板；10—主型芯；11—型芯镶件；12—推杆；13—螺纹型芯

小 结

主要内容	知识点	学习重点	提示
压制成型模具的基本组成及结构形式、压模与压机相关参数的校核计算及加料室的设计计算	压制成型模具的基本组成及结构形式，加料室的设计计算	压制成型模具的基本组成及结构形式	压制模具主要用于成型热固性塑件。压制模具主要由型腔、加料室、导向机构、侧向分型抽芯机构、脱模机构和加热系统等组成

复　习　题

5-1　按照模具加料室的形式分类，压制成型模具分为哪几类？各有什么成型特点？

5-2　压制成型模具由哪些机构组成？

5-3　简述压制模的工作原理。

5-4　计算如下图所示加料室的高度。材料为粉状塑料，塑料比容为 $v_0 = 2.5\text{cm}^3/\text{kg}$，塑件相对密度为 1.8kg/cm^3。

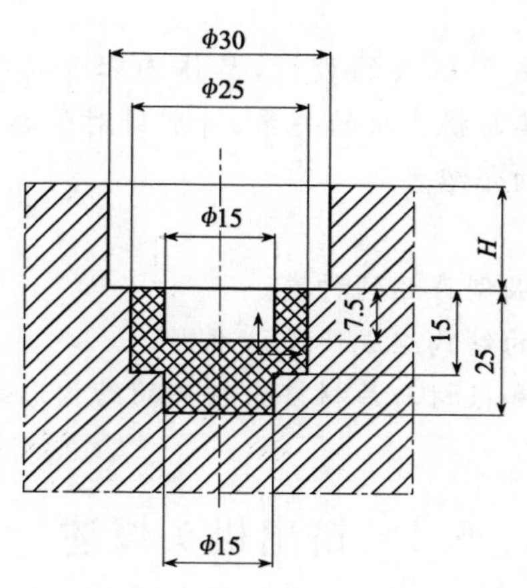

项目6　挤出成型机头

【项目简介】

本项目主要介绍挤出成型机头的设计，具体内容包括挤出成型机头的作用及分类、结构组成、设计原则及其与挤出机的关系，特别针对管材挤出机头和板材与片材挤出机头的结构形式做了详细介绍。

【任务目标】

1. 掌握挤出成型机头成型产品的种类。
2. 掌握挤出成型机头的结构组成及设计准则。
3. 熟悉管材挤出机头和板材与片材挤出机头的结构形式。

6.1　挤出机头概述

挤出成型是热塑性复合材料的成型方法之一，它可以成型各种增强塑料管材、棒材、板材、薄膜以及电线、电缆等连续型材，还可以对复合材料进行塑化、混合、造粒、脱水及喂料等准备工序或半成品加工。

6.1.1　作用及分类

挤出模包括两部分：机头和定型模。

1. 机头的作用

机头是挤出增强塑料制件成型的主要部件，它使来自挤出机的熔融塑料由螺旋运动变为直线运动，并进一步塑化，产生必要的成型压力，保证塑件密实，从而获得截面形状相似的连续型材。

2. 定型模的作用

从机头中挤出的增强塑料制件虽然具备了既定的形状，可是因为制件温度比较高，由于自重而会发生变形，因此需要使用定径装置将制件的形状进行冷却定型，从而获得能满足要求的正确尺寸、几何形状及表面质量。通常采用冷却、加压或抽真空的方法，将从口模中挤出的塑料的既定形状稳定下来，并对其进行精整，从而得到截面尺寸更为精确、表面更为光亮的塑料制件。

3. 机头的分类

(1)按挤出成型的塑件分类

通常挤出成型塑件有管材、棒材、板材、片材、网材、单丝、粒料、各种异型材、吹塑薄膜、电线电缆等，所用机头分别称为管机头、棒机头等。

(2)按制品出口方向分类

可分为直向机头和横向机头。前者机头内料流方向与挤出机螺杆轴向一致，如硬管机头；后者机头内料流方向与挤出机螺杆轴向成某一角度，如电缆机头。

(3)按机头内压力大小分类

可分为低压机头（料流压力小于 4MPa）、中压机头（料流压力为 4～10MPa）和高压机头（料流压力大于 10MPa）。

6.1.2 结构组成

以典型的管材挤出成型机头为例，如图 6-1 所示，挤出成型模具的结构可分为以下几个主要部分：

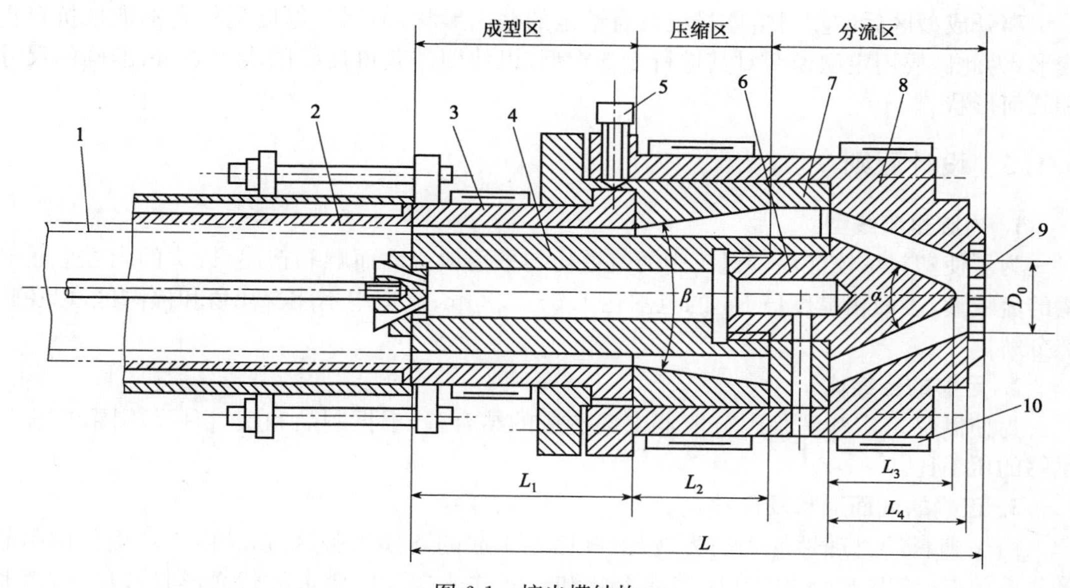

图 6-1 挤出模结构

1—管材；2—定型模；3—口模；4—芯棒；5—调节螺钉；6—分流器；7—分流器支架；8—机头体；9—过滤网；10—电加热圈

1. 口模和芯棒

口模 3 用来成型塑件的外表面，芯棒 4 用来成型塑件的内表面，所以口模和芯棒决定了塑件的截面形状。

2. 过滤网和过滤板

过滤网 9 的作用是将塑料熔体由螺旋运动转变为直线运动，过滤杂质，并形成一定的压力；过滤板又称多孔板，同时还起支撑过滤网的作用。

3. 分流器和分流器支架

分流器 6（又称鱼雷头）使通过它的塑料熔体分流变成薄环状以平稳地进入成型区，同时进一步加热和塑化；分流器支架 7 主要用来支撑分流器及芯棒，同时也能对分流后的塑料熔体加强剪切混合作用，但产生的熔接痕影响塑件强度。小型机头的分流器与其支架可设计成一个整体。

4. 机头体

机头体8相当于模架,用来组装并支撑机头的各零件。机头体需与挤出机筒连接,连接处应密封以防塑料熔体泄漏。

5. 温度调节系统

为了保证塑料熔体在机头中正常流动及挤出成型质量,机头上一般设有可以加热的温度调节系统,如图6-1所示的电加热圈10。

6. 调节螺钉

图6-1所示调节螺钉5用来调节控制成型区内口模与芯棒间的环隙及同轴度,以保证挤出塑件壁厚均匀。通常调节螺钉的数量为4~8个。

7. 定型模(定径套)

离开成型区后的塑料熔体虽已具有给定的截面形状,但因其温度仍较高不能抵抗自重变形,为此需要用定型模2对其进行冷却定型,以使塑件获得良好的表面质量、准确的尺寸和几何形状。

6.1.3 设计原则

1. 内腔呈流线型

为了使塑料熔体能沿着机头中的流道均匀平稳地流动而顺利挤出,机头的内腔应呈光滑的流线型,表面粗糙度值 Ra 的范围在1.6~3.2μm;流道中不能有死角和停滞区,以免过热分解。

2. 足够的压缩比

为使制品密实和消除因分流器支架造成的结合缝,根据制品和塑料种类不同,应设计足够的压缩比。

3. 正确的截面形状及尺寸

由于塑料的物理性能和压力、温度等因素引起的离模膨胀效应,及由于牵引作用引起的收缩效应,使得机头的成型区截面形状和尺寸并非塑件所要求的截面形状和尺寸,因此设计时,要对口模进行适当的形状和尺寸补偿,合理确定流道尺寸,控制口模成型长度,获得正确的截面形状及尺寸。

4. 结构紧凑

在满足强度和刚度的条件下,机头结构应紧凑,并且装卸方便,不漏料,形状设计得规则、对称,便于均匀加热。

5. 合理选择材料

机头内的流道与流动的塑料熔体相接触,磨损较大;有的塑料在高温成型过程中还会产生化学气体,腐蚀流道。因此为提高机头的使用寿命,机头材料应选择耐磨、耐腐蚀、硬度高的钢材或合金钢。

6.1.4 机头与挤出机的关系

1. 机头与挤出机的连接

挤出成型的设备是挤出机,每副挤出成型模具都只能安装在与其相适应的挤出机上。设计机头的结构时,首先要了解挤出机的技术参数以及机头与挤出机的连接形式,所设计的机头应当适应挤出机的要求。由于挤出机的型号不同，其连接形式亦不同。国产挤出机的技术参数和连接形式及尺寸，分别见图6-2、图6-3及图6-4。

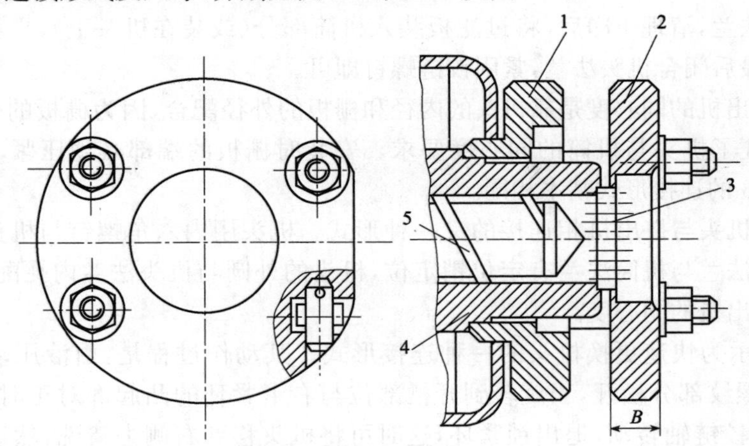

图6-2　机头连接形式（一）
1—挤出机法兰；2—机头法兰；3—过滤板；4—机筒；5—螺杆

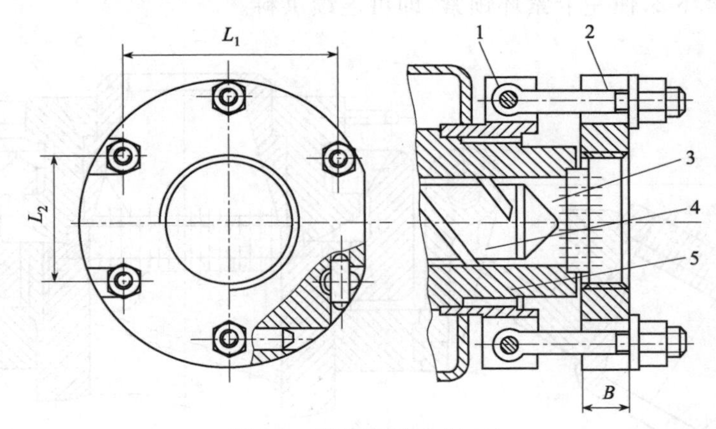

图6-3　机头连接形式（二）
1—挤出机法兰；2—机头法兰；3—过滤板；4—螺杆；5—机筒

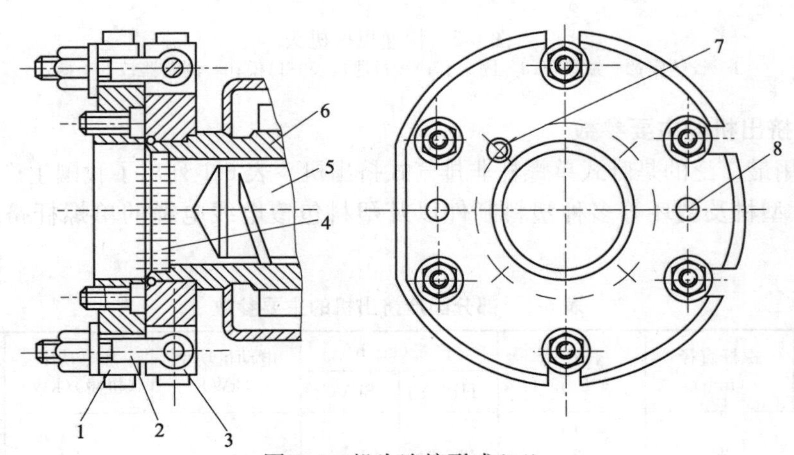

图6-4　机头连接形式（三）
1—机头法兰；2—铰链螺钉；3—挤出机法兰；4—过滤板；5—螺杆；6—机筒；7—螺钉；8—定位销

图 6-2 中机头以螺纹连接在机头的法兰上，而机头法兰是以铰链螺钉与机筒法兰连接固定的，图 6-2 中为 4 个铰链螺钉，有时为 6 个铰链螺钉。一般的安装次序是先松动铰链螺钉，打开机头法兰，清理干净后，将过滤板装入机筒部分（或装在机头上），再将机头安装在机头法兰上，最后闭合机头法兰，紧固铰链螺钉即可。

机头与挤出机的同心度是靠机头的内径和栅板的外径配合，因为栅板的外径与机筒有配合，因此保证了机头与机筒的同心度要求。安装时栅板的端部必须压紧，否则会漏料。图 6-2 与图 6-3 的连接形式基本相同。

图 6-4 为机头与挤出机相连接的又一种形式。机头用内六角螺钉与机头法兰连接固定。因为机头法兰与机筒法兰有定位销定位，机头的外圆与机头法兰内孔配合，因此可以保证机头与挤出机的同心度。

图 6-5 所示为快速更换机头的一种连接形式。其动作过程是：由液压动力推动锁紧环 2 旋转，使螺纹部分松开，当旋转到开槽部位与右卡紧环的凸起部对正时，右卡紧环可绕铰链座上的铰链轴转动，退出锁紧环，这时可将机头移到右侧去清洗，然后换上已清洗好的左卡紧环（使左卡紧环的凸起对正锁紧环的开槽后，卡紧环即可装入锁紧环中），液压动力转动锁紧环 2，使左卡紧环锁紧，即可连续供料。

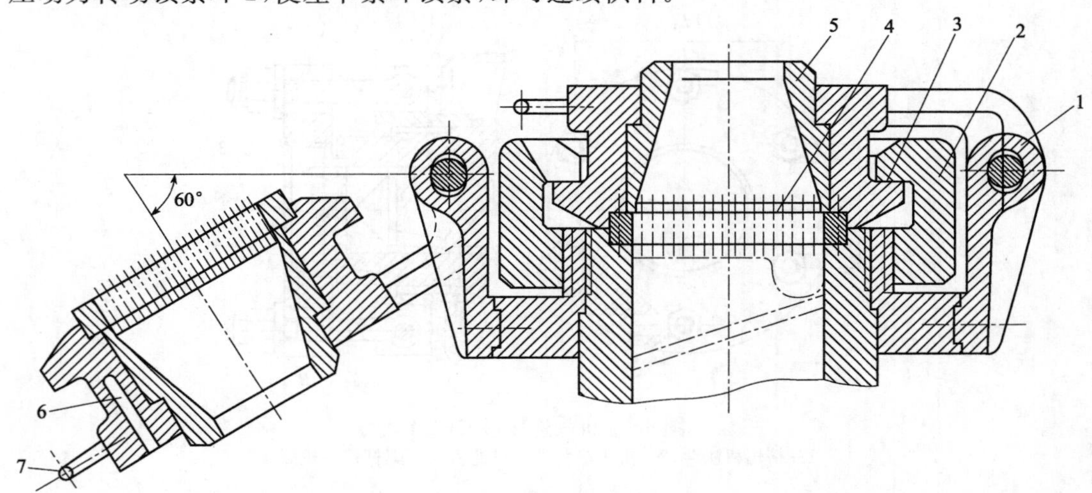

图 6-5　快速更换机头

1—铰链座；2—锁紧环；3—固定套；4—过滤板；5—口模；6—测温器；7—手柄

2. 国产挤出机的主要参数

目前应用最广泛的是卧式单螺杆非排气式挤出机。表 6-1 列出了我国生产的适用于加工管、板、膜、型材及型坯等多种塑料制件以及塑料包覆电线电缆的单螺杆挤出机的主要参数。

表 6-1　部分国产挤出机的主要参数

序号	螺杆直径 (mm)	长径比 L/D	产量(kg/h)		电动机功率 (kW)	加热功率 (机身)(kW)	中心高 (mm)
			HPVC	SPVC			
1	30	15 20 25	2～6	2～6	3/1	2 4 5	1000

续表

序号	螺杆直径(mm)	长径比 L/D	产量(kg/h)		电动机功率(kW)	加热功率(机身)(kW)	中心高(mm)
			HPVC	SPVC			
2	45	15 20 25	7～18	7～18	5/1.67	5 6 7	1000
3	65	15 20 25	15～33	16～50	15/5	10 12 16	1000
4	90	15 20 25	35～70	40～100	22/7.3	18 24 30	1000
5	120	15 20 25	56～112	70～160	55/18.3	30 40 45	1100
6	150	15 20 25	95～190	120～280	75/25	45 60 72	1100
7	200	15 20 25	160～320	200～480	100/33.3	75 100 125	1100

6.2　管材挤出机头

管材机头在挤出机头中具有代表性，用途较广，主要用来成型连续的管状塑件。管机头适用的挤出机螺杆长径比（螺杆长度与其直径之比）$i=15\sim25$，螺杆转速 $n=10\sim35$r/min。

6.2.1　典型结构

常用的管材挤出机头结构有直通式、直角式和旁侧式三种形式。另外，还有微孔流道挤管机头等。

1. 直通式挤管机头

直通式挤管机头如图6-1所示，主要用于挤出薄壁管材，其结构简单，容易制造。它适用于挤出小管，分流器和分流器支架设计成一体，装卸方便。塑料熔体经过分流器支架时，产生几条熔接痕，不易消除。

直通式挤管机头适用于挤出成型软硬聚氯乙烯、聚乙烯、尼龙、聚碳酸酯等塑料管材。

2. 直角式挤管机头

如图6-6所示，用于内径定径的场合，冷却水从芯棒3中穿过。成型时塑料熔体包围芯棒并产生一条熔接痕。熔体的流动阻力小，成型质量较高。但机头结构复杂，制造困难。

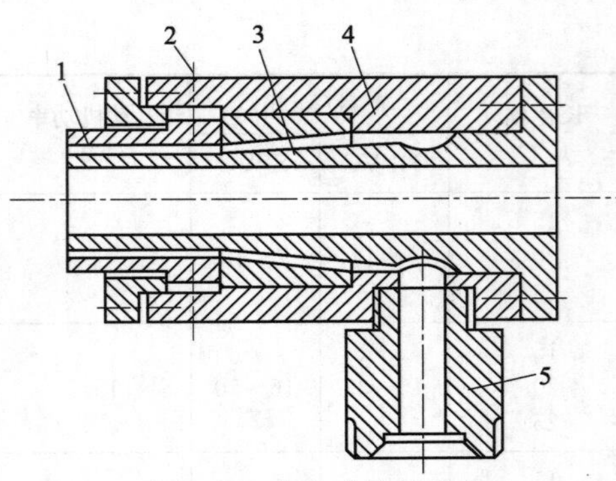

图 6-6　直角式挤管挤头

1—口模；2—调节螺钉；3—芯棒；4—机头体；5—连接管

3. 旁侧式挤管机头

如图 6-7 所示，与直角式挤管机头相似，其结构更复杂，制造更困难。

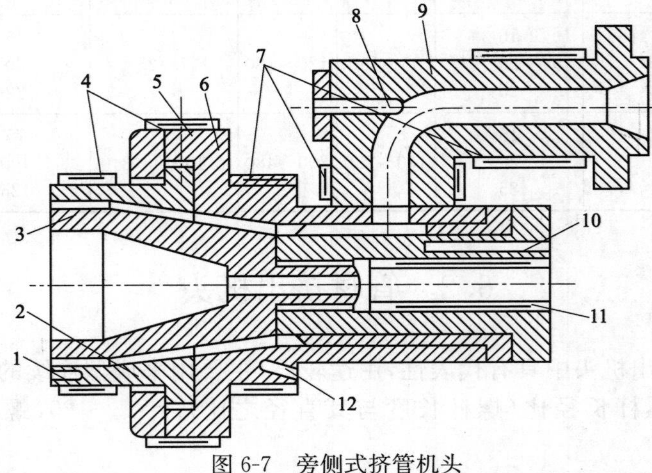

图 6-7　旁侧式挤管机头

1—温度剂插孔；2—口模；3—芯棒；4—加热器；5—调节螺钉；6—机头体；
7—加热器；8、10—熔料测温孔；9—机头体；11—芯棒加热器；12—分流区测温孔

4. 微孔流道挤管机头

微孔流道挤管机头如图 6-8 所示。机头内无芯棒，熔料的流动方向与挤出机螺杆的轴线方向一致，熔体通过微孔管上的微孔进入口模而成型，特别适合于成型直径大、流动性差的塑料（如聚烯烃）。微孔流道挤管机头体积小、结构紧凑，但由于管材直径大、管壁厚容易发生偏心，所以口模与芯棒的间隙下面比上面要小 10%～18%，用以克服因管材自重而引起的壁厚不均匀。

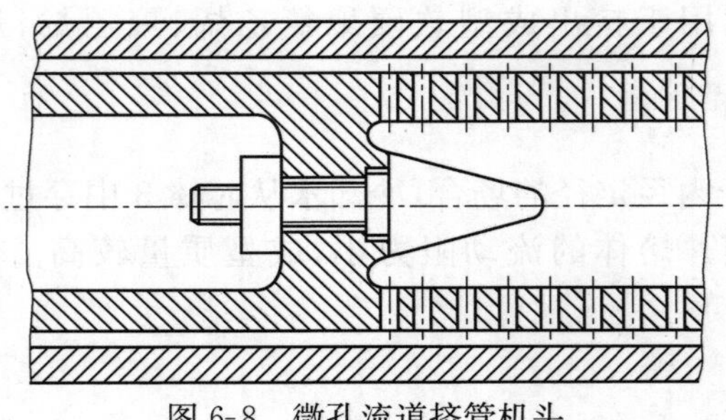
图 6-8　微孔流道挤管机头

6.2.2　工艺参数的确定

主要确定机头内口模、芯棒、分流器和分流器支架的形状和尺寸及其工艺参数。在设计管材挤出机头时，需有已知的数据，包括挤出机型号，制品的内径、外径及制品所用的材料等。

1. 口模

口模是用于成型管子外表面的成型零件。在设计管材模时，口模的主要尺寸为口模的内径和定型段的长度，如图 6-1 所示。

(1)口模的内径 D

口模内径的尺寸不等于管材外径的尺寸，因为挤出的管材在脱离口模后，由于压力突然降低，体积膨胀，使管径增大，此种现象为巴鲁斯效应。也可能由于牵引和冷却收缩而使管径变小。可根据经验确定，通过调节螺钉(图 6-1 中 5)调节口模与芯棒间的环隙使其达到合理值。

膨胀或收缩都与塑料的性质、口模的温度压力以及定径套的结构有关

$$D=\frac{d}{K} \tag{6-1}$$

式中　D——口模的内径，mm；

d——管材的外径，mm；

K——补偿系数，见表 6-2。

表 6-2　补偿系数 K 值

塑料品种	内径定径	外径定径
聚氯乙烯	—	0.95～1.05
聚酰胺	1.05～1.10	—
聚乙烯、聚丙烯	1.20～1.30	0.90～1.05

(2)定型段长度 L_1

口模和芯棒平直部分的长度称为定型段，见图 6-1 中的 L_1。塑料通过定型部分，料流阻力增加，使制品密实，同时也使料流稳定均匀，消除螺旋运动和接合线。

随着塑料品种及尺寸的不同，定型长度也应不同。定型长度不宜过长或过短，过长时，料流阻力增加很大；过短时，起不到定型作用。当不能测得材料的流变参数时，可按经验公式计算。

① 按管材外径计算

$$L_1=(0.5\sim3)D \tag{6-2}$$

式中　D——管材外径的公称尺寸，mm。

通常当管子直径较大时定型长度取小值，因为此时管子的被定型面积较大，阻力较大，反之就取大值。同时考虑到塑料的性质，一般挤软管取大值，挤硬管取小值。

② 按管材壁厚计算

$$L_1 = nt \tag{6-3}$$

式中 t ——管材壁厚，mm；

n ——系数，见表 6-3。

表 6-3 口模定型段长度与壁厚关系系数

塑料品种	硬聚氯乙烯	软聚氯乙烯	聚乙烯	聚丙烯	聚酰胺
系数 n	18～33	15～25	14～22	14～22	13～23

2. 芯棒(芯模)

芯棒是用于成型管子内表面的成型零件。一般芯棒与分流器之间用螺纹连接，其结构如图 6-1 中 4 所示。芯棒的结构应利于物料流动，利于消除接合线，容易制造。其主要尺寸为芯棒外径、压缩段长度和压缩角。

(1)芯棒的外径

芯棒的外径由管材的内径决定，但由于与口模结构设计同样的原因，即离模膨胀和冷却收缩效应，所以芯棒外径的尺寸不等于管材内径尺寸。根据生产经验，可按下式计算

$$d = D - 2\delta \tag{6-4}$$

式中 d ——芯棒的外径，mm；

D ——口模的内径，mm；

δ ——口模与芯棒的单边间隙，$\delta = (0.83 \sim 0.94)t$，mm；

t ——管材壁厚，mm。

(2)定型段、压缩段和收缩角

塑料经过分流器支架后，先经过一定的收缩。为使多股料很好地会合，压缩段 L_2 与口模中相应的锥面部分构成塑料熔体的压缩区，使进入定型区之前的塑料熔体的分流痕迹被熔合消除。

芯棒定型段的长度与 L_1 相等或稍长，L_2 可按下面经验公式计算

$$L_2 = (1.5 \sim 2.5)D_0 \tag{6-5}$$

式中 L_2 ——芯棒的压缩段长度，mm；

D_0 ——塑料熔体在过滤板出口处的流道直径，mm。

(3)芯模收缩角 β

低黏度塑料 $\beta = 45° \sim 60°$；

高黏度塑料 $\beta = 30° \sim 50°$。

3. 分流器和分流器支架

图 6-9 所示为分流器和分流器支架的结构图。塑料通过分流器，使料层变薄，这样便于均匀加热，以利于塑料进一步塑化。大型挤出机的分流器中还设有加热装置。

(1)分流锥的角度 α（扩张角）

低黏度塑料 $\beta = 30° \sim 80°$；

高黏度塑料 $\beta = 30° \sim 60°$。

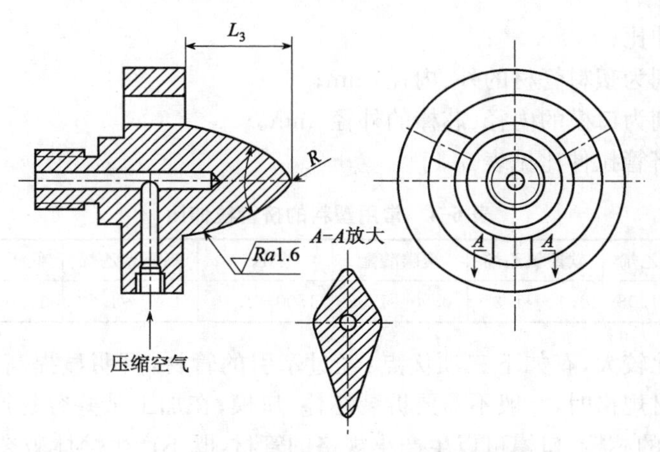

图 6-9　分流器与分流支架的结构图

扩张角 α >收缩角 β。α 过大时料流的流动阻力大，熔体易过热分解；α 过小时不利于机头对其内的塑料熔体均匀加热，机头体积也会增大。

(2)分流锥长度 L_3

$$L_3 = (1 \sim 1.5)D_0 \tag{6-6}$$

式中　D_0 ——机头在过滤板相连处的流道直径，mm。

(3)分流锥尖角处圆弧半径 R

$$R = 0.5 \sim 2\ \text{mm}$$

R 不宜过大，否则熔体容易在此处发生滞留。

(4)分流器表面粗糙度值 Ra

Ra 的范围在 $0.2 \sim 0.4\ \mu\text{m}$。

(5)栅板与分流锥顶间隔 L_5

$$L_5 = 10 \sim 20\ \text{mm} \quad 或 \quad L_5 < 0.1D_1$$

式中　D_1 ——螺杆的直径，mm。

L_5 过小料流不均，过大则停料时间长。

分流器支架主要用于支撑分流器及芯棒。支架上的分流肋应做成流线型，在满足强度要求的条件下，其宽度和长度尽可能小些，以减少阻力。出料端角度应小于进料端角度，分流肋尽可能少些，以免产生过多的熔接痕迹。

4. 拉伸比和压缩比

拉伸比和压缩比是与口模和芯棒尺寸相关的工艺参数。根据管材断面尺寸确定口模环隙截面尺寸时，一般由拉伸比确定。

(1)拉伸比 I

管材的拉伸比是口模和芯棒的环隙截面积与管材成型后的截面积之比，其计算公式如下

$$I = \frac{D^2 - d^2}{D_s^2 - d_s^2} \tag{6-7}$$

式中　I——拉伸比；

D_s、d_s——分别为塑料管材的外、内径，mm；

D、d——分别为口模的内径、芯棒的外径，mm。

常用塑料的挤管拉伸比见表 6-4。

表 6-4　常用塑料的挤管拉伸比

塑料品种	硬聚氯乙烯	软聚氯乙烯	聚碳酸酯	ABS	高压聚乙烯	低压聚乙烯	聚酰胺
拉伸比	1.00～1.08	1.10～1.35	0.90～1.05	1.00～1.10	1.20～1.50	1.10～1.20	0.90～1.05

挤出时拉伸比较大，有如下三项优点：经过牵引的管材，可明显提高其力学性能；在生产过程中变更管材规格时，一般不需要拆装芯棒、口模；在加工某些容易产生熔体破裂现象的塑料时，用较大的芯棒、口模可以生产小规格的管材，既不产生熔体破裂又提高了产量。

(2)压缩比 ε

所谓管材的压缩比是机头和多孔板相接处最大进料截面积与口模和芯棒的环隙截面积之比，反映出塑料熔体的压实程度。

低黏度塑料　$\varepsilon = 4 \sim 10$；

高黏度塑料　$\varepsilon = 2.5 \sim 6.0$。

6.2.3　管材的定径和冷却

管材被挤出口模时，还具有相当高的温度，没有足够的强度和刚度来承受自重和变形，为了使管子获得较低的粗糙度值、准确的尺寸和几何形状，管子离开口模时必须立即定径和冷却，由定径套来完成。经过定径套定径和初步冷却后的管子进入水槽继续冷却，管子离开水槽时已经完全定型。一般用外径定径和内径定径两种方法。

1. 外径定径

如果管材外径尺寸精度高，使用外径定径。外径定径是使管子和定径套内壁相接触，为此，常用内部加压或在管子外壁抽真空的方法来实现，因而外径定径又分为内压法和真空法。

(1)内压法外定径

如图 6-10(a)所示。在管子内部通入压缩空气(预热，约 0.02～0.1MPa)，为保持压力，可用浮塞堵住防止漏气，浮塞用绳索系于芯模上。定径套的内径和长度一般根据经验和管材直径来确定，见表 6-5。

表 6-5　内压法外定径套尺寸(mm)

材料	定径套的内径	定径套的长度
聚乙烯、聚丙烯	$(1.02 \sim 1.04)D_s$	$10D_s$
聚氯乙烯	$(1.00 \sim 1.02)D_s$	$10D_s$

注：D_s 一管材的公称直径。

当管材直径 $D_s \geqslant 40$ mm 时：

定径套的长度 L　　　$L < 10D_s$

定径套的内径 d　　　$d > (1.008 \sim 1.012)D_s$

当管材直径 $D_s \geqslant 100$ mm 时：

定径套的长度 L　　　　　　$L = (3 \sim 5)D_s$

设计定径套的内径时，其尺寸不得小于口模内径。

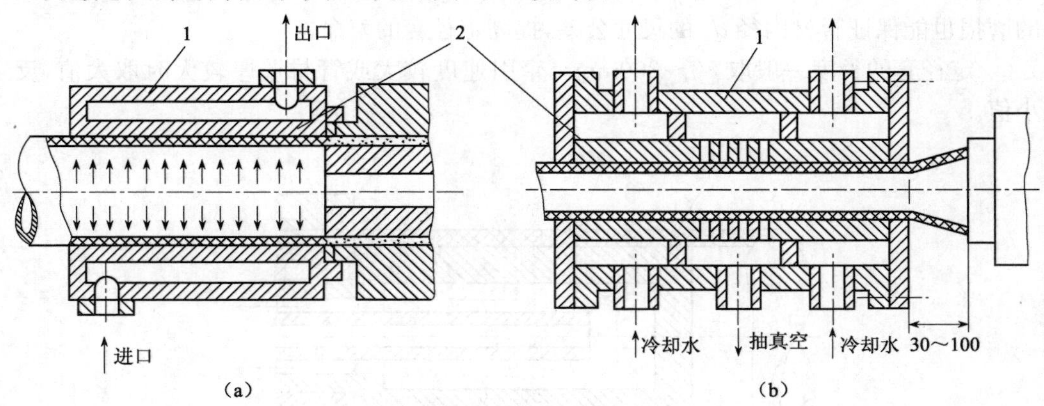

图 6-10　外定径法

(a)内压法；(b)真空法

1—外壁；2—内壁

(2)真空法外定径

如图 6-10(b)所示，在定径套内壁 2 上打很多小孔，抽真空用，借助真空吸附力将管材外壁紧贴于定径套内壁 2，与此同时，在定径套外壁 1、内壁 2 夹层内通入冷却水，管坯伴随真空吸附过程的进行，而被冷却硬化。真空法的定径装置比较简单，管口不必堵塞，但需要一套抽真空设备。常用于生产小管。

真空定径套生产时与机头口模应有 20～100mm 的距离，使口模中流出的管材先行离模膨胀和一定程度的空冷收缩后，再进入定径套中，冷却定型。

定径套内的真空度一般要求在 53～66kPa。真空孔径在 $\phi0.6 \sim \phi1.2$ 范围内选取，与塑料黏度和管壁厚度有关，如塑料黏度大或管壁厚度大，孔径取大值，反之取小值。

真空定径套的内径见表 6-6。

表 6-6　真空定径套的内径(mm)

材料	定径套内径	材料	定径套内径
硬聚氯乙烯	$(0.993 \sim 0.99)D_s$	聚乙烯	$(0.98 \sim 0.96)D_s$

注：D_s —管材的公称直径。

真空定径套的长度一般应大于其他类型定径套的长度。例如，对于直径大于 100mm 的管材，真空定径套的长度可取 4～6 倍的管材外径。这样有助于更好地改善或控制离模膨胀(巴鲁斯效应)和冷却收缩对管材尺寸的影响。

2. 内径定径

内径定径是固定管材内径尺寸的一种定径方法。此种方法适用于侧向供料或直角挤管机头。该定径装置如图 6-11 所示，定径芯模与挤管芯模相连，在定径芯模内通入冷却水。当管坯通过定径芯模后，便获得内径尺寸准确、圆柱度较好的塑料管材。这种方法使用较少，因为管材的标准化系列多以外径为准。但内径公差要求严格，用于压力输送时内径定径管壁的内应力分布较合理。

① 定径套应沿其长度方向带有一定的锥度，在 0.6∶100～1.0∶100 之间选取。

② 定径套外径一般取 $[1+(2\% \sim 4\%)]d_s$（d_s 为管材内径），定径套外径稍大于管材内径，使管材内壁紧贴在定径套上，则管壁获得较低的表面粗糙度值。另外，通过一段时间的磨损也能保证管材内径 d_s 的尺寸公差，提高定径套的寿命。

③ 定径套的长度一般取 80～300mm。牵引速度较大或管材壁厚较大时取大值，反之取小值。

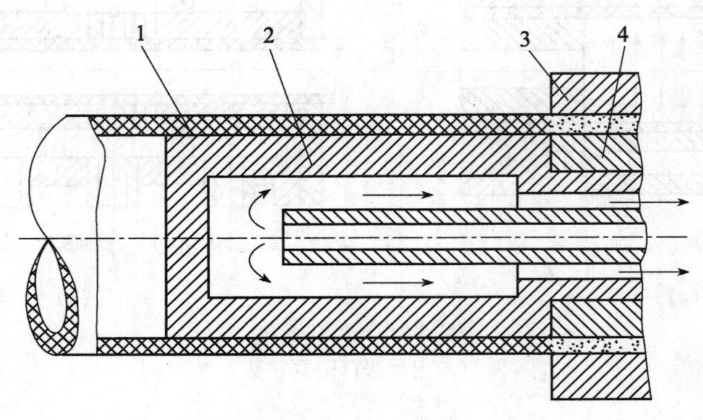

图 6-11　内定径法

1—管材；2—定径芯模；3—口模；4—芯棒

6.3　板材与片材挤出机头

凡是成型段横截面具有平行缝隙特征的机头，叫板材与片材挤出机头，也称平缝形挤出机头。主要用于塑料板材、片材和平膜加工。

由挤出机提供的塑料熔体，从圆形逐渐过渡到平缝形，并要求在其出口横向全宽方向上，熔体流速均匀一致，这是板材与片材挤出机头设计的关键。其次，要求塑料熔体流经整个机头流道的压降要适度，并停留时间要尽可能短，且无滞料现象发生。

目前，已能挤出成型达 40mm 厚度的板材。但通常认为仅在 15mm 以内才可视为已经掌握的厚度。板片材宽度可达 4000mm。适用于板、片材挤出成型的塑料品种有 PVC、PE、PP、ABS、PS、PC、PA、POM 和醋酸纤维素等，其中前四种应用较多。

用于挤出成型板材与片材的机头可分为鱼尾式机头、支管式机头、螺杆式机头和衣架式机头等四大类，本节只介绍前三种结构形式。

6.3.1　鱼尾式机头

1. 结构及其特点

鱼尾式机头其模腔似鱼尾状。塑料熔体呈放射状流动，从机头中部进入模腔，向两侧分流。此时，熔体中部压力大、流速高、温度高及黏度小，而熔体两端压力小、流速低、温度低及黏度大，因此机头中部出料多，两端出料少，造成制品厚度不均匀。为了克服此缺陷，通常在机头模腔内设置阻流器，如图 6-12 所示。还可采用阻流棒，如图 6-13 所示，以调节料流阻力大小。

此种机头结构较简单且易加工，适合于多种塑料的挤出成型，如黏度较低的聚烯烃类塑料、黏度较高的塑料以及热敏性较强的聚氯乙烯和聚甲醛等。

2. 参数的确定

不适于挤出成型宽幅板（片）材，一般幅宽小于500mm，板厚不大于3mm。鱼尾的扩张角不能太大（通常取80°左右）。

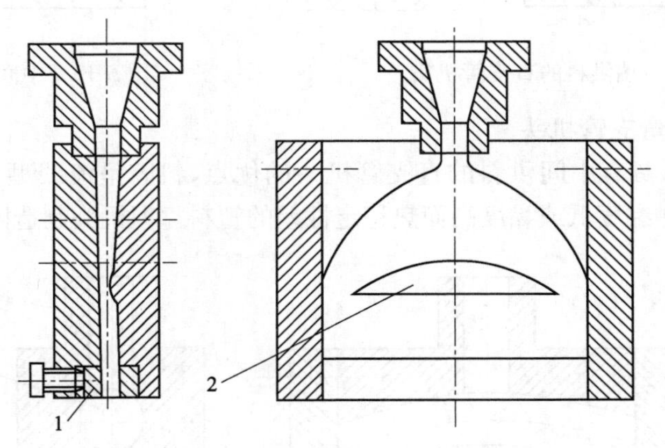

图6-12　带阻流器的鱼尾式机头（一）
1—模口调节块；2—阻流器

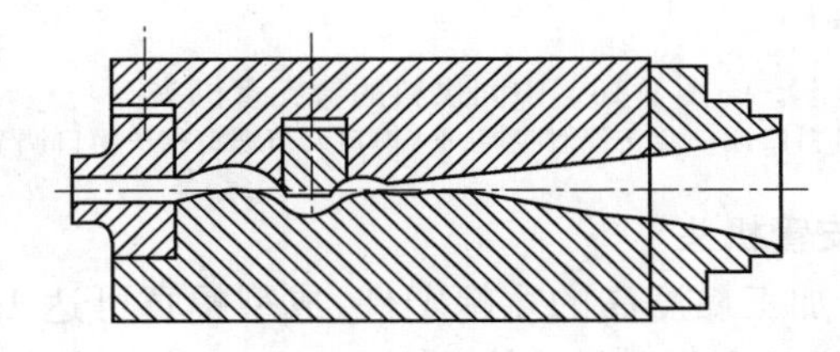

图6-13　带阻流棒的鱼尾式机头（二）

6.3.2　支管式机头

这种机头的型腔呈管状，从挤出机挤出的熔体先进入支管中，然后通过支管经模唇间的缝隙流出成板材坯料，能均匀地挤出宽幅制品。该种机头按结构又可分成四种形式。

1. 一端供料的直支管机头

如图6-14所示，塑料熔体从支管的一端进料，而支管的另一端则被封死。支管模腔与挤出料流方向一致，塑件的宽度可由幅宽调节块进行调节，但塑料熔体在支管内停留时间较长，容易分解变色，且温度难以控制。

2. 中间供料的直支管机头

如图6-15所示，塑料熔体从支管的中间进料，然后分流充满支管的两端，再由支管的平缝中挤出。这种机头结构简单，能调节幅宽，可生产宽幅制品。制品沿中心线有较好的对称性。此外，牵引切割装置顺着挤出机轴向排成直行，所以应用较多。

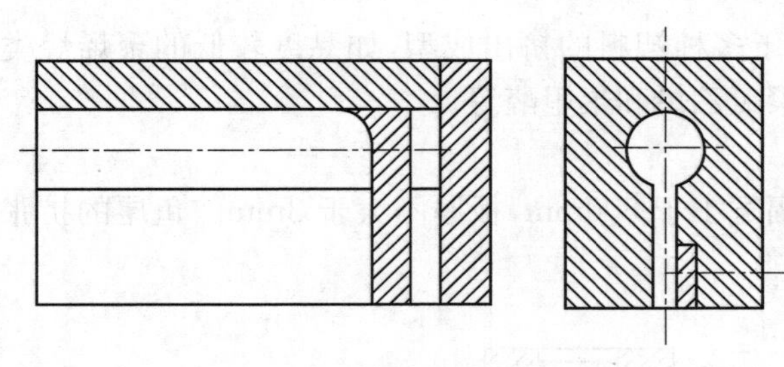

图 6-14　一端供料的直支管机头

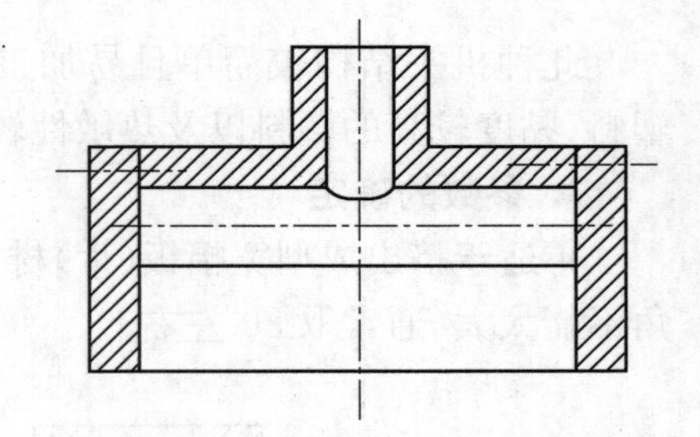

图 6-15　中间供料的直支管机头

3. 中间供料的弯支管机头

如图 6-16 所示，具有中间供料的直支管机头的优点，料腔呈流线型，没有死角，不滞留。适合于挤出成型熔融黏度低或黏度高而热稳定性差的塑料。但机头制造困难，不能调节幅宽。

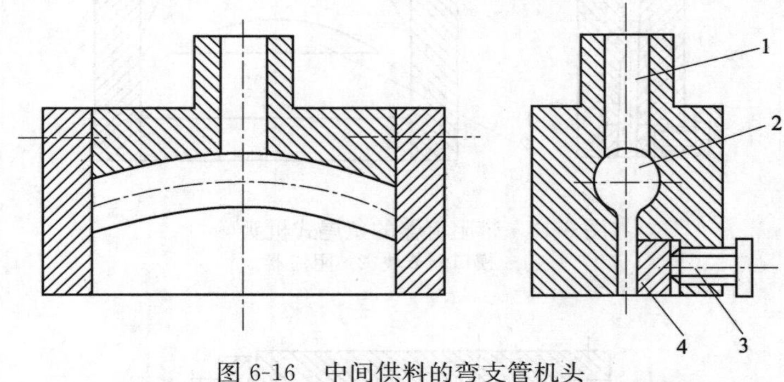

图 6-16　中间供料的弯支管机头
1—进料口；2—弯支管型腔模；3—模口调节螺钉；4—模口调节块

4. 带有阻流棒的双支管机头

如图 6-17 所示，用于加工黏度高的宽幅塑件，成型幅宽可达 1000～2000mm。阻流棒的作用是调节流量，限制模腔中部塑料熔体的流速。

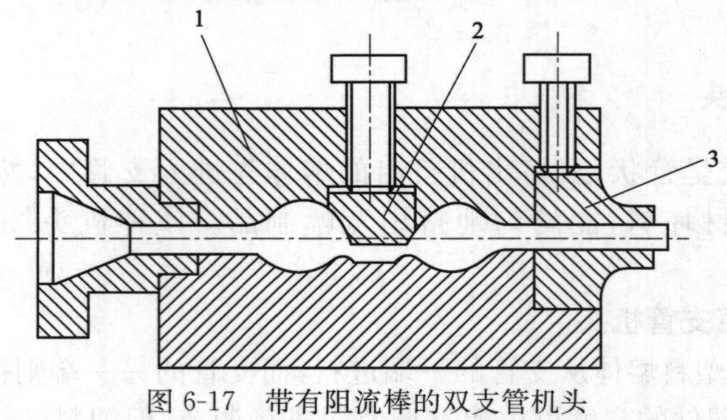

图 6-17　带有阻流棒的双支管机头
1—支管模腔；2—阻流棒；3—模口调节块

5. 参数的确定

支管式机头的支管直径在 30～90mm 范围内，对于熔融黏度低的塑料，管径可选大一些；对于熔融黏度高、热稳定性差的塑料，支管直径选小些，以防塑料熔体在机头内停留时间过长，造成分解。

平直部分的长度依熔体特性而不同，一般取长度为板厚的 10～40 倍。但板材厚时，由于刚度关系，模唇长度应不超过 80mm。

6.3.3　螺杆式机头

螺杆机头实际是支管式机头的一种，只是在直支管内装上了螺杆。熔体经过螺杆的分配，可使模唇的压力均匀，流速趋于一致，获得厚度均匀的制品。因此适用于宽度较大的片材。按机头的结构形式可分为两种。

1. 一端供料型螺杆机头

如图 6-18 所示，在直支管内装上了一根螺杆，由一端进料，螺杆旋转可进一步塑化塑料熔体，并均匀地进行分配。分配螺杆的直径应比连用的挤出机螺杆直径稍小，根径为渐变的。为了减少塑料熔体分解的机会，分配螺杆做成多头螺纹。

2. 中间供料型螺杆机头

如图 6-19 所示，在直支管内装上了一对方向相反的螺杆，由支管中间进料，使得熔体流程变短。该类机头温度容易控制，适用于加工热稳定性差的塑料，可生产宽幅制品，最宽可达 4000mm。其缺点是，由于分配螺杆的转动，挤出制品易出现波浪形料流痕。机头结构复杂，成本较高。

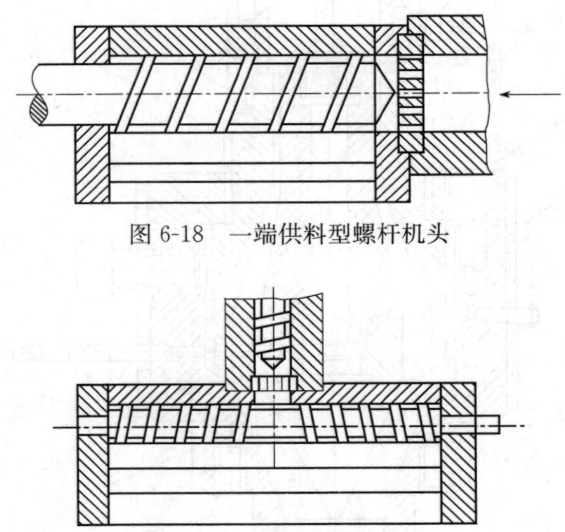

图 6-18　一端供料型螺杆机头

图 6-19　中间供料型螺杆机头

6.4　挤出机头实例

内压式硬管机头。内压式硬管机头如图 6-20 所示，这是一种常见的内压式外定径的典型结构管机头，它适合于挤出成型软、硬 PVC、PE、PP、PA、PC 和 ABS 等塑料软管。

压缩空气经气嘴 4、分流支架 3、芯模 8 和连接头 12 的内孔进入管坯内部，靠设在尾端的密封头(由件 16、17、18 和 19 组成)堵牢，将管坯吹胀并紧贴在冷却定型套上滑行定径。拉杆 16 的长度一般为 3～8mm，需根据管材的壁厚和冷却的速度来确定。

对于内径较小的管材(如 PE、PP 盘管)，由于内置密封头比较困难，则可采取直接堵塞管接头的办法，保证不漏气，也可内压定型。

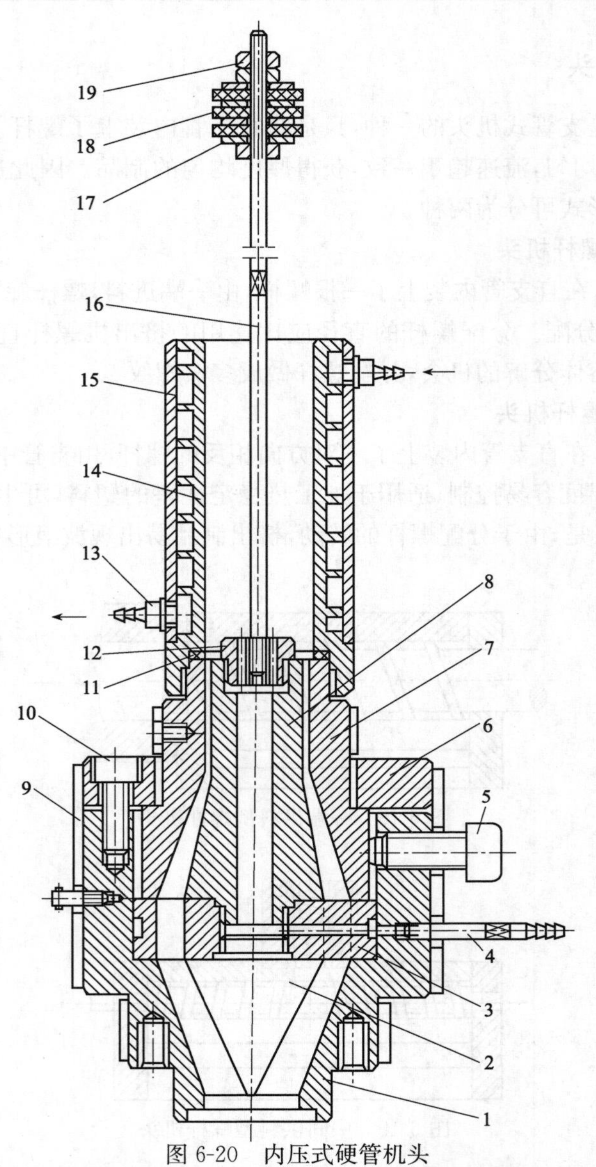

图 6-20　内压式硬管机头

1—机头体；2—分流锥；3—分流支架；4—气嘴；5—调节螺钉；6—脱圈；7—口模；8—芯模；9—加热圈；10—内六角螺钉；11—隔热圈；12—连接头；13—水嘴；14—冷却套；15—外套；16—拉杆；17—垫圈；18—密封圈；19—六角螺钉

小　结

主要内容	知识点	学习重点	提示
挤出成型机头的作用及分类、结构组成、设计原则及其与挤出机的关系	挤出成型机头的作用及分类、结构组成，管材挤出机头，板材挤出机头	挤出成型机头的作用及分类、结构组成	挤出成型是热塑性塑料的成型方法之一，它可以成型各种塑料管材、棒材、板材、薄膜以及电线、电缆等连续型材。挤出模包括两部分：机头和定型模

复　习　题

6-1　什么是挤出成型？适用于哪些塑件的加工成型？

6-2　机头和定型模的作用是什么？

6-3　挤出成型机头由哪些部分组成？它们各自的作用是什么？

6-4　简述管材的定径方法。

项目7 注射成型模具设计

【项目简介】

本项目主要介绍塑料注射成型模具的设计，具体内容包括注射成型模具的基本组成及结构形式，并对模具浇注系统、引气和排气系统、顶出机构、脱模机构、复位机构、侧抽芯机构等重要的组成机构的工作原理、设计准则及类型做出了详细介绍。

【任务目标】

1. 掌握注射成型模具的基本结构组成。

2. 掌握注射成型工艺的工艺原理。

3. 熟悉浇注系统、引气和排气系统、顶出机构、脱模机构、复位机构、侧抽芯机构等重要的组成机构的工作原理和设计准则。

7.1 注射模具的特点及结构

7.1.1 注射模具的特点

注射模具的特点为：模具结构复杂，适用于生产大型、厚壁、薄壁、形状复杂、尺寸精度高的制品，生产效率高，质量稳定，能实现自动化生产。图7-1为注射模具的基本结构示意图。

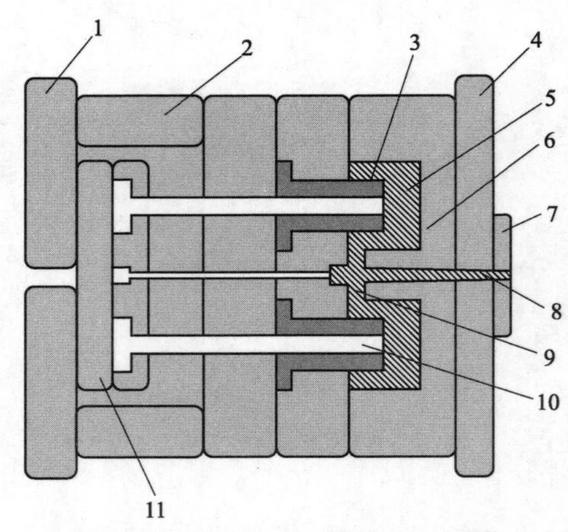

图7-1 注射模具基本结构示意图

1—垫板；2—模脚；3—型芯；4—定模板；5—零件；6—型腔板；
7—定位环；8—主浇道；9—分浇道；10—定杆；11—顶板

塑料制品通常要批量或大批量生产,故要求模具使用时要高效率、高质量,成型后少加工或不加工,所以模具设计时必须考虑以下几点:

① 根据塑件的使用性能和成型性能确定分型面和浇口位置。

② 考虑模具制造工程中的工艺性,根据设备状况和技术力量确定设计方案,保证模具从整体到零件都易于加工,易于保证尺寸精度。

③ 考虑注射生产率,提高单位时间注射次数,缩短成型周期。

④ 将有精度要求的尺寸及孔、柱、凸、凹等结构在模具中表现出来,即塑件成型后不加工或少加工。

⑤ 模具结构力求简单适用,稳定可靠,周期短成本低,便于装配维修及更换易损件。

⑥ 模具材料的选择与处理。

⑦ 模具的标准化生产:尽量选用标准模架、常用顶杆、导向零件、浇口套、定位环等标准件。

7.1.2　注射模具的基本组成

从模具的使用和在注射机上的安装来看:每一副注射模都可分成两大部分,即定模部分和动模部分。定模部分安装在注射机的固定模板上,动模部分安装在注射机的动模板上。闭模后注射机料筒里的熔融塑料在高压作用下,经过浇注系统注入模具型腔,开模时动模与定模分离取出塑件。

从模具上各个部件所起的作用来看,注射模可以分成以下几个部分:

(1)成型零件

其作用是使要成型的塑件获得所需要的形状和尺寸。它通常由凸模或型芯(构成塑件的内形)、凹模或型腔(构成组件的外形)以及螺纹型芯或型环、镶块等组成。

(2)浇注系统

它是将熔融塑料由注射机喷嘴引向闭合模腔的通道。通常,浇注系统由主浇道、分浇道、浇口和冷料穴等几部分组成。

(3)导向部分

为确保动模和定模闭合时位置准确,必须设计导向部分。导向部分一般由导向柱(导柱)和导向套(导套)组成。此外对多型腔注射模,其顶出机构中也应设计导向装置,以避免顶出板运动时发生偏斜,造成顶杆的弯曲、折断或顶坏塑件。

(4)顶出机构

它是实现塑件脱模的装置。其结构形式很多,最常见的有顶杆式、顶管式和脱模板式等。

(5)抽芯机构

当塑件上带有侧孔或侧凹时,开模顶出塑件之前,应先将可做侧向运动的型芯从塑件中抽出,这个动作过程是由抽芯机构实现的。

(6)冷却和加热部分

为满足注射成型工艺对模具温度的要求,以保证各种塑件的冷却定型,模具上需设有冷却或加热系统。冷却时，一般在模具型腔和型芯周围开设冷却水通道，而加热时，则在模具内部或周围安装加热元件。

(7)排气系统

注射时为了将型腔内原有的空气以及塑料在受热和冷凝过程中产生的气体排出，常在模具分型面处开设排气槽。因为这些气体如果不能顺利排出，就会在塑件上形成缺陷，从而影响塑件质量。

7.2 注射模的分类

注射机的结构形式根据所使用的注射机不同可分为立式注射模、直角式注射模和卧式注射模。

① 立式注射模：竖直安装在立式注射机上，浇口自上而下注射。其优点是注射方向与开模方向一致，放置活动型芯和嵌件较方便。缺点是塑件顶出后必须手工取出，不易实现自动化。立式注射模多用于小型塑件的成型，如图 7-2 所示。

② 直角式注射模：平卧安装在直角式注射机上，浇口自上而下，但垂直于开模方向，多用于小型塑件，如图 7-3 所示。

③ 卧式注射模：安装在卧式注射机上，是注射成型中最常用的，如图 7-4 所示。

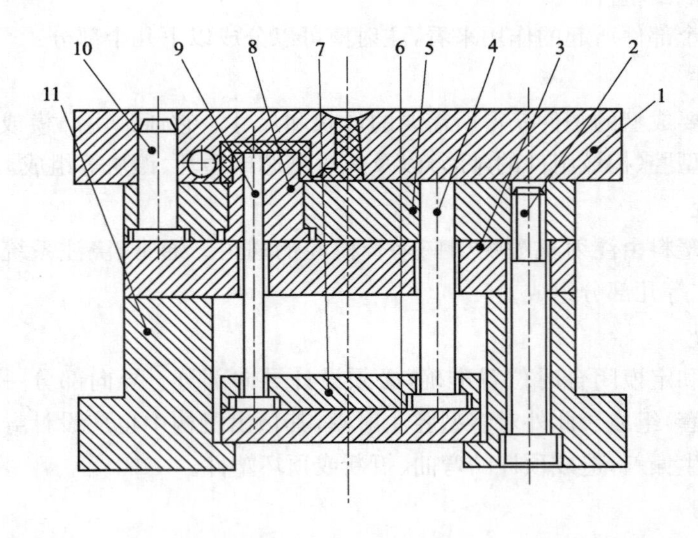

图 7-2　立式注射模

1—定模；2—螺栓；3—支撑板；4—复位杆；5—动模；6—顶杆垫板；
7—顶杆固定板；8—型芯；9—顶杆；10—导柱；11—支撑块

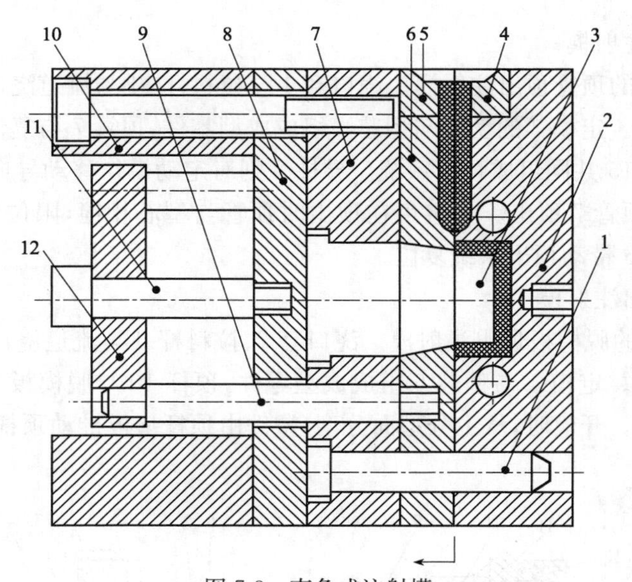

图 7-3　直角式注射模

1—导柱；2—定模；3—型芯；4、5—浇口镶块；6—脱模板；
7—动模；8—支撑板；9—推杆；10—支撑块；11—限位杆；12—顶板

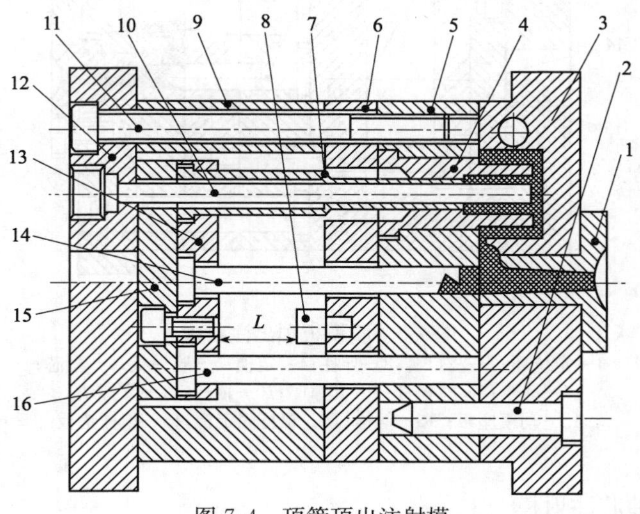

图 7-4　顶管顶出注射模

1—浇口套；2—导柱；3—定模；4、10—型芯；5—动模；6—支撑板；
7—顶管；8—限位钉；9—支撑块；11—螺栓；12—动模板
13—顶管固定板；14—拉料杆；15—顶管垫板；16—复位杆

7.3　卧式注射模的结构形式

7.3.1　两板式注射模

模体主要由定板和动板组成，其特点是注射成型后只要一次分型即可脱模。

(1)顶管顶出注射模

图 7-4 为典型的顶管顶出注射模。浇口套 1 与拉料杆 14 与流道浇口组成浇注系统，将熔融物料流入型腔。定模 3 的型腔与型芯 4 组成成型零件，顶管 7 与复位杆 16 以及顶管固定板 13、顶管垫板 15 共同组成顶出系统。导柱 2 则对定动模作移动导向。开模时，从主分型面分型，塑件由顶管 7 顶出。为避免在顶出时顶管与型芯相撞，限位钉 8 控制顶出距离 L，合模时复位杆 16 带动顶出系统复位。

(2)脱模板顶出注射模

图 7-5 为典型的脱模板顶出注射模。浇口套 2、拉料杆 8 与流道浇口组成浇注系统，将熔融物料流入型腔。定模 4 与型芯 6 组成成型零件，顶杆 10 与脱模板 5 以及顶杆垫板 15 共同组成顶出系统。开模时，从主分型面分型，塑件由顶杆垫板推动顶杆 10，顶杆再推动脱模板 5 顶出塑件。

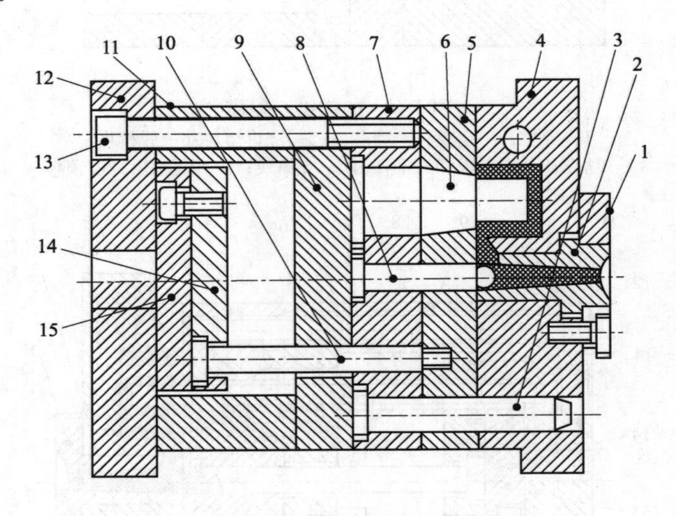

图 7-5　脱模板顶出注射模

1—定位环；2—浇口套；3—导柱；4—定模；5—脱模板；6—型芯；
7—动模；8—拉料杆；9—支撑座；10—顶杆；11—支撑块；
12—动模座板；13—螺栓；14—顶杆固定板；15—顶杆垫板

(3)斜导柱侧抽芯注射模

图 7-6 为典型的斜导柱侧抽芯注射模。斜导柱 2、压紧块 3 和侧型芯 5 组成侧抽芯系统。成型结束后，开模时定模 4 与动模 7 分开，定模上的斜导柱 2 驱动侧型芯 5 将型芯抽出，顶杆垫板 17 推动顶杆 16 将塑件顶出。

(4)斜推杆内抽芯注射模

图 7-7 为典型的斜推杆内抽芯注射模。斜推杆 4、连杆 9 和心轴 8 组成内抽芯系统。成型结束后，开模时定模 3 与动模 6 分开，同时斜推杆 4 在动模的作用下围绕心轴 8 向内侧转动，完成内侧抽芯动作。

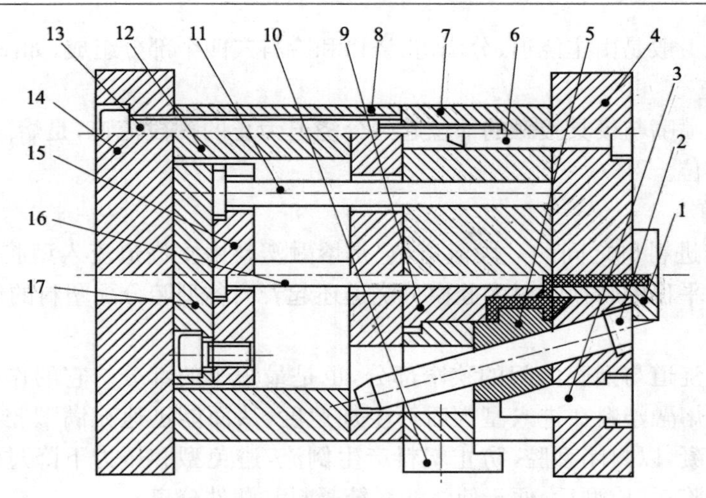

图 7-6　斜导柱侧抽芯注射模

1—浇口套；2—斜导柱；3—压紧块；4—定模；5—侧型芯；6—导柱；7—动模；8—支撑板；9—主型芯；10—挡块；11—复位杆；12—支撑块；13—内六角螺钉；14—动模板；15—顶杆固定板；16—顶杆；17—顶杆垫板

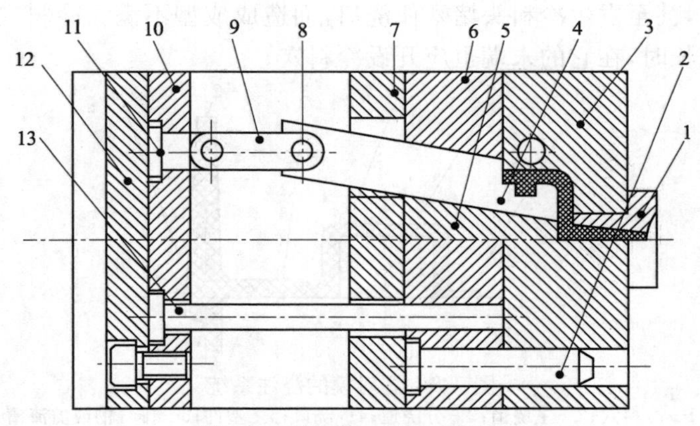

图 7-7　斜推杆内抽芯注射模

1—浇口套；2—导柱；3—定模；4—斜推杆；5—主型芯；6—动模；7—支撑板；8—心轴；9—连杆；10—顶杆固定板；11—连杆作；12—顶杆垫板；13—复位杆

7.3.2　三板式注射模

在二板模的基础上增加一块可动模板，塑件的全部脱模过程须通过两次分型完成。三板模用于以下场合：由点浇口进料的注射模，根据侧抽芯需要必须由某分型面首先分型的模具，在塑件脱模时必须首先从某个分型面首先分型的模具。

7.4　浇注系统的组成及设计原则

7.4.1　浇注系统的组成

浇注系统的作用是使塑料熔体平稳且有顺序地填充到型腔中，并在填充和凝固过程中把压力充分传递到各个部位，以获得组织紧密、外形清晰的塑料制件。

浇注系统一般是由主浇道、分浇道、浇口和冷料穴四个部分组成，如图 7-8 所示。

1. 主浇道

由注射机喷嘴与模具接触的部位起到分浇道为止的一段流道，是熔融塑料进入模具时最先经过的部位。

2. 分浇道

主浇道与进料口之间的一段流道，它是熔融塑料由主浇道流入型腔的过渡段，能使塑料的流向得到平稳的转换。对多腔模分浇道还起着向各型腔分配塑料的作用。

3. 浇口

浇口是分浇道与型腔之间的狭窄部分，也是最短小的部分。它的作用有三点：①使分浇道输送来的熔融塑料在进入型腔时产生加速度，从而能迅速充满型腔；②成型后进料口处塑料首先冷凝，以封闭型腔，防止塑料产生倒流，避免型腔压力下降过快，以致在塑件上出现缩孔和凹陷；③成型后，便于使浇注系统凝料与塑件分离。

4. 冷料穴

其作用是储存两次注射间隔中产生的冷料头，以防止冷料头进入型腔造成塑件熔接不牢，影响塑件质量，甚至发生冷料头堵塞住浇口，而造成成型不满。冷料穴一般开在主浇道末端，当分浇道较长时，在它的末端也应开设冷料穴。

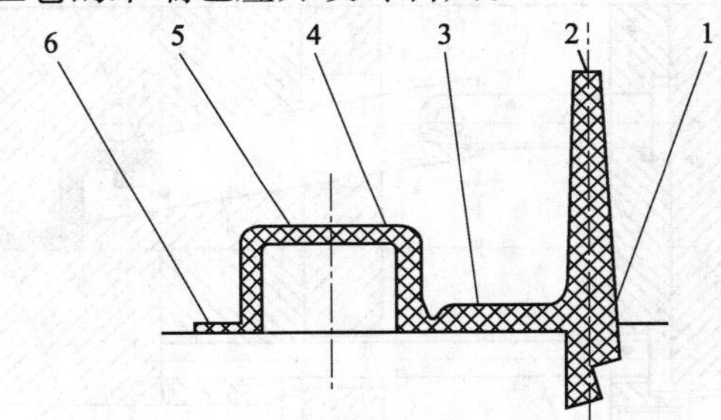

图 7-8　注射模的浇注系统

1—冷料穴；2—主浇道；3—分浇道；4—浇口；5—塑件；6—排气槽或溢流槽

7.4.2　浇注系统设计原则

① 排气良好：能顺利地引导熔融塑料填充到型腔的各个深度，不产生涡流和紊流，并能使型腔内的气体顺利排出。

② 流程短：在满足成型和排气良好的前提下，要选取短的流程来充填型腔，且应尽量减少弯折以降低压力损失，缩短填充时间。

③ 防止型芯和嵌件变形：应尽量避免熔融塑料正面冲击直径较小的型芯和金属嵌件，防止型芯弯曲变形或嵌件移位。

④ 整修方便：浇口位置和形式应结合塑件形状考虑，做到整修方便并无损塑件的外观和使用。

⑤ 防止塑件翘曲变形：在流程较长或需开设两个以上浇口时更应注意这一点。

⑥ 合理设计冷料穴或溢料槽：因为它可影响塑件质量。

⑦ 浇注系统的断面积和长度：除满足以上各点外，浇注系统的断面积和长度应尽量取小值，以减少浇注系统占用的塑料量，从而减少回收料。

7.5　主浇道的设计

7.5.1　主浇道的结构

主浇道是熔融塑料由注射机喷嘴喷出时最先经过的部位，与注射机喷嘴同轴，由于其与熔融塑料、注射机喷嘴反复接触、碰撞，一般不直接开设在定模上。为了制造方便，都制成可拆卸的浇口套，用螺钉或配合形式固定在定模板上，如图 7-9 所示。

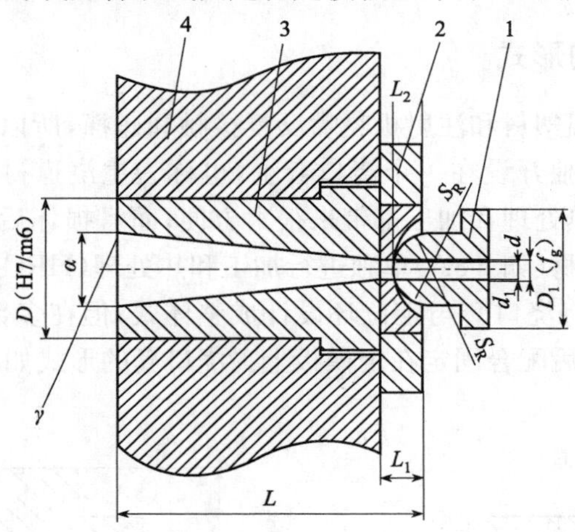

图 7-9　主浇道的结构形式

1—注射机喷嘴；2—定位环；3—浇口套；4—定模

7.5.2　主浇道设计要点

① 为便于凝料取出，主浇道采用 $\alpha=3°\sim6°$ 的圆锥孔。流动性较差的塑料稍大些，但不宜过大。

② 出料端直径 D 尽量小，以减小与模腔的接触面积，从而减小模腔内部压力对其的反作用力。

③ 材质选取用优质钢 T8A，并淬硬处理。其硬度应低于注射机喷嘴以防后者被碰坏。

④ 锥孔内壁粗糙度 $Ra=0.63\mu m$ 以增加其耐磨性并减小注射阻力，锥孔大端应有 $1°\sim2°$ 的过渡圆角以减小料流在转向时的流动阻力。

⑤ 浇口套与注射机喷嘴头的接触球面必须吻合。

$$S_r = S_R + (0.5 \sim 1) \tag{7-1}$$

$$d = d_1 + (0.5 \sim 1) \tag{7-2}$$

$$L_2 = 3 \sim 5 \tag{7-3}$$

式中　S_r——浇口套端面凹球面半径，mm；

　　　S_R——注射机喷嘴端凸球面半径，mm；

d——圆锥孔小径，mm；

d_1——喷嘴内孔直径，mm；

L_2——浇口套端面凹球面深度，mm。

⑥ 定位环：模体与注射机的定位装置，保证浇口套与注射机的喷嘴对中定位。定位环外径 D_1 应与注射机的定位孔间隙配合，其配合间隙为 0.05～0.15mm，定位环厚度为 5～10mm。

⑦ 浇口套端面与定模相配合部分的平面高度一致。

⑧ 浇口套长度 L 尽量短，因为 L 越大，压力损失越大，物料温度越低，影响注射成型。

7.5.3 浇口套的结构形式

由于主浇道要与高温塑料和注射机喷嘴反复接触和碰撞，所以通常不把主浇道直接开在定模板上，而是将它单独开设在一个浇口套上，也称为主浇道衬套，然后装入定模板内。这样，对浇口套的选材、热处理和加工都带来很大方便，而且损坏后也便于修理和更换。通常，浇口套需选用优质钢材（如 T8A）单独进行加工和热处理（HRC＝53～57）。

一般对小型模具可将浇口套与定位环设计成整体式，但在多数情况下，将浇口套和定位环设计成两个零件，然后配合固定在定模板上。浇口套的形式如图 7-10 所示。

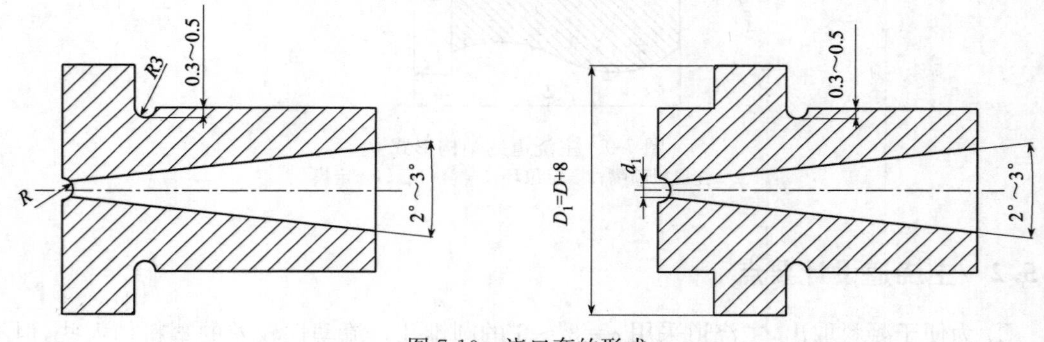

图 7-10 浇口套的形式

7.6 分浇道的设计

7.6.1 分浇道的设计要点

分浇道是主浇道与浇口的中间连接部分，起分流和转换方向的作用。分浇道设计的总原则：应使熔融的塑料在流经分流道时，压力及热量损失最小，且产生的分流道凝料最小。

（1）截面积尽量小

① 过小会降低注射速度，延长填充时间，还可出现缺料、焦烧、皱纹、缩孔等缺陷。

② 过大会增大凝料的回收量，并延长了物料的冷却时间。设计时应采用较小的截面积，以便试模时有修正的余地。

③ 一模多腔时分浇道的截面积为各浇口截面积之和，分浇道的截面积总和不大于主流道截面积。

(2)分浇道和型腔的分布应排列紧凑、间距合理,因轴对称或中心对称而平衡,尽量缩小成型区域的总面积。并使型腔和分浇道在分型面上的总投影面积的几何中心与锁模力的中心重合。

(3)分浇道的形状要考虑分浇道的截面积与周长比最大为好,以减小熔料的散热面积和摩擦阻力,减少压力损失。

(4)分浇道长度应尽量短,以减少压力损失;多腔模具各腔分浇道长度尽量相等;分浇道较长时应在其末端设冷料穴,防止空气和冷料进入模具型腔。

(5)分浇道上转向次数尽量小,转向处应圆角过渡,不能有尖角。

(6)内表面不必很光,$Ra=1.6\mu m$ 即可。目的是使流料外层在摩擦阻力作用下流动小些,形成冷却皮层,利于对熔融塑料的保温。

(7)分浇道在定模一侧或分浇道延伸较长时,要设分浇道拉料杆,以便开模时拉出分浇道的凝料,并与塑件一起顶出。

7.6.2　分浇道的截面形状

为减少分浇道的压力损失和热损失,需使分浇道的通流截面积最大,而散发热量的内表面积最小。

$$\eta = S/L \tag{7-4}$$

式中　η——分浇道的效率;

S——分浇道的截面积,mm^2;

L——分浇道截面周长,mm。

① 圆形截面:S/L 值最大,即效率最高(周长相等时圆形截面积最大)。一般 $D=4\sim8mm$。缺点是制造较烦,因为它必须分设在模板两侧,在对合时易产生错口现象。

② 半圆形:效率比圆形稍差,但加工较简单。

③ 梯形截面:加工较简单,截面也利于物料流动,故较常用。

④ 扁梯形:物料流动情况变差,但分浇道冷却比以上其他形状好得多。

7.6.3　分浇道的布局

分浇道的布局取决于型腔的布局,分浇道和型腔的分布有平衡式和非平衡式两种。

1. 平衡式分浇道

平衡式布局如图 7-11 所示,其特点是:各分浇道长度、断面尺寸及其形状完全相同,各型腔同时均衡进料,同时注射完毕。

2. 非平衡式分浇道

如图 7-12 所示。与平衡式分浇道的基本区别在于主浇道到各个型腔的分浇道长度不同,只有将浇口尺寸做得不同,即靠近主浇道的浇口长度 L_1>远离主浇道的浇口长度 L_2,或靠近主浇道的浇口截面积 S_1<远离主浇道的浇口截面积 S_2,以增大近距离模腔的流动阻力。非平衡式分浇道优点:可缩短分浇道的总长度。

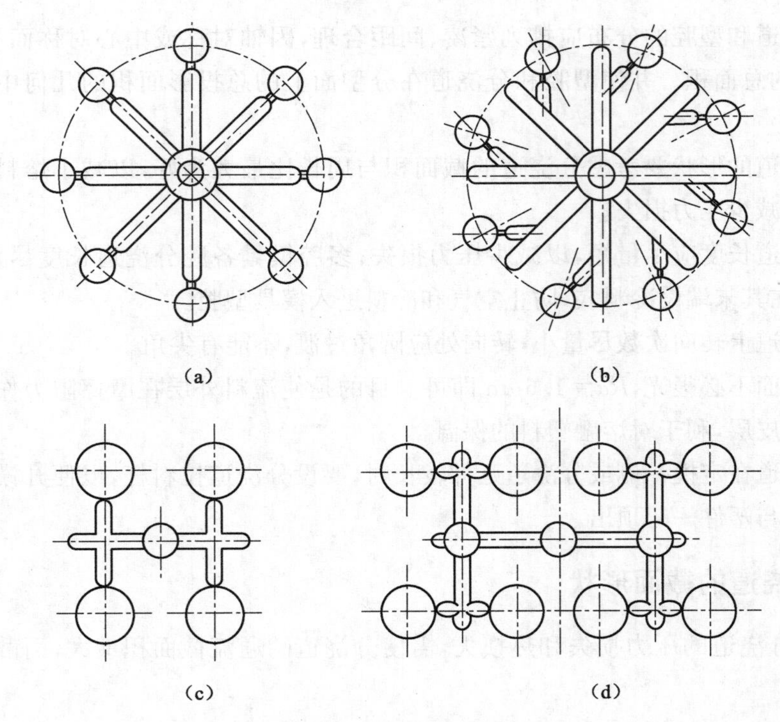

图 7-11　平衡式分浇道

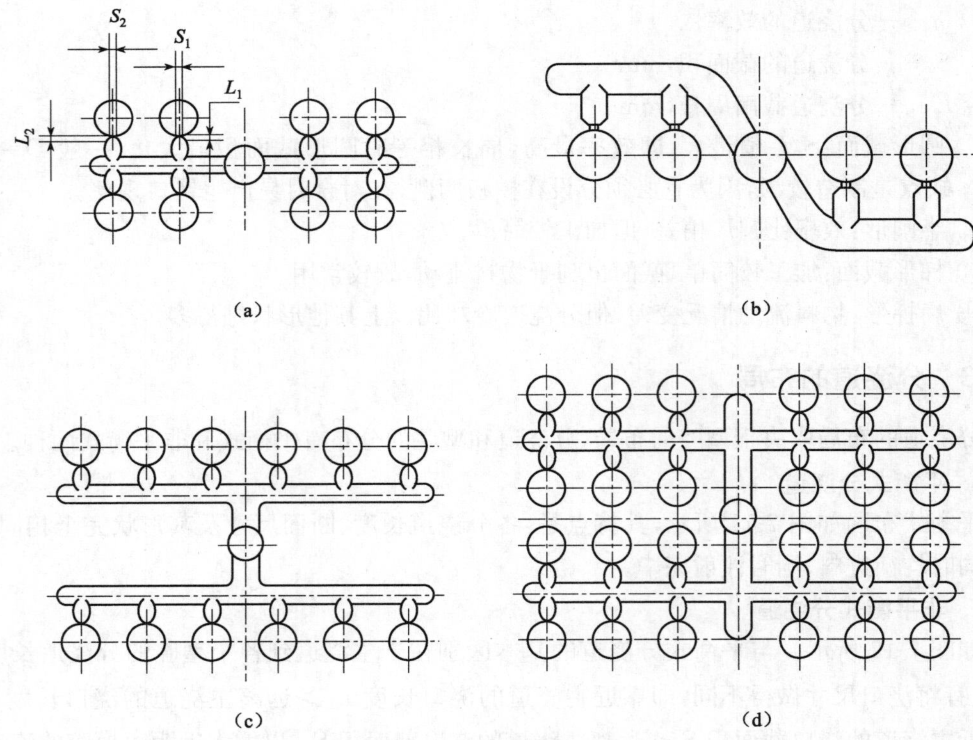

图 7-12　非平衡式分浇道

7.6.4 分浇道的计算

分浇道的尺寸据塑件的成型体积、塑件壁厚及形状，所用塑件的性能及分浇道长度等因素确定，对壁厚小于 3mm，质量在 200g 以下的塑件可用经验公式

$$D = 0.2654W/L \tag{7-5}$$

式中 D——分浇道直径，mm；

W——流经分浇道的塑料量，g；

L——分浇道长度，mm。

对于黏度大的塑料，按上式算出的 D 乘以系数 1.2～1.25。

常用塑料的注射件分浇道尺寸，见表 7-1。

表 7-1 部分塑料常用分浇道直径推荐范围(mm)

塑料名称	截面直径	塑料名称	截面直径	塑料名称	截面直径
ABS、AS	4.87～5.9	聚丙烯	5～1	热塑性聚酯	3.5～8
聚乙烯	1.6～9.5	聚苯乙烯	3.5～10	聚苯醚	6.5～10
尼龙类	1.6～9.5	软聚氯乙烯	3.5～10	聚砜	6.5～10
聚甲醛	3.5～10	硬聚氯乙烯	6.5～16	聚苯硫醚	6.5～13
丙烯酸塑料	8～10	聚氨酯	6.5～8		

7.7 浇口的设计

7.7.1 浇口的基本类型

浇口设计与塑件技术要求形状、断面尺寸、成型性能、模具结构、注射工艺等有关。

1. 直接浇口

如图 7-13 所示，熔融塑料经主浇道直接注入型腔，又称主浇道型浇口、非限制性浇口，适用于单腔的深腔塑件和大型塑件。设在塑件底部，冷料穴 0.5 t；浇口大直径 $D \leqslant 2t$，且主浇道长度尽量短。

(1)直接浇口的优点

① 浇口截面较大，流程较短，流动阻力小，适用于深腔、壁厚、流动性差的壳类塑件。

② 模具结构简单紧凑，便于加工，流程短，压力损失小。

③ 保压补缩作用强，易于完全成型。

④ 有利于排气及消除熔接痕。

(2)直接浇口的缺点

① 除去浇口凝料较困难，塑件有明显浇口痕迹。

② 浇口附近熔料冷却较慢，成型周期长，影响成型效率。

③ 易产生内应力引起塑件变形，或产生气泡、开裂、缩孔等缺陷。

④ 只适用于单腔模具。

2. 盘形浇口

盘形浇口是直接浇口的变形，如图 7-14 所示，适用于通孔较大的塑件。

(1)盘形浇口的优点

① 进料均匀，分子链及纤维取向趋于一致，从而减小内应力，提高塑件尺寸稳定性。

② 不易产生熔接痕，利于提高塑件机械性能。

③ 注射时气体有序地从分型面周边排气，避免气泡、填充不满等现象。

④ 易于清除浇口凝料，塑件表面无明显痕迹。

(2)盘形浇口的缺点

盘形浇口与型腔形成密封空间，塑件脱模时内部形成真空，故脱模困难，必须设置进气杆或进气槽等进气通道。

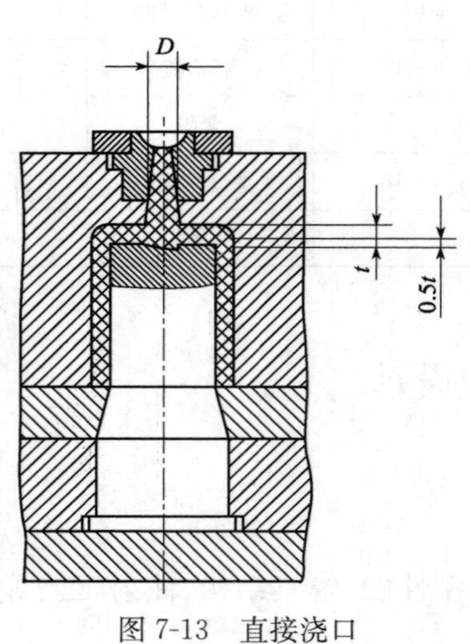

图 7-13　直接浇口

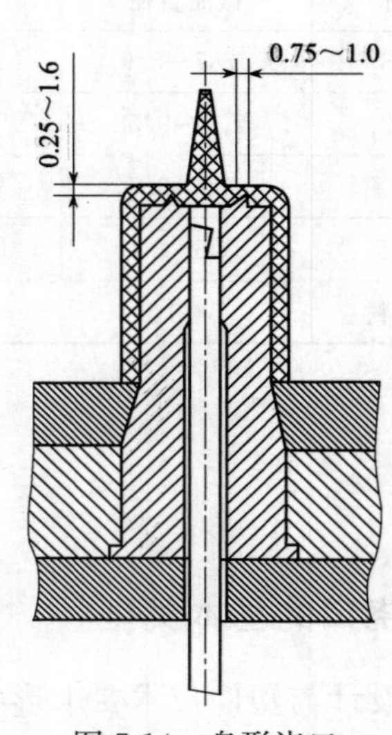

图 7-14　盘形浇口

3. 轮辐式浇口

轮辐式浇口是盘形浇口的变异，即：将盘形浇口的整个圆周进料改为轮辐式几小段圆弧进料，如图 7-15 所示。

(1)轮辐式浇口的优点

① 具有盘形浇口的优点。

② 浇口小，易除浇口凝料且减小了塑料用量。

③ 克服了盘形浇口因形成真空而导致的塑料件难以脱模的问题。

(2)轮辐式浇口的缺点

产生熔接痕，影响塑件强度。

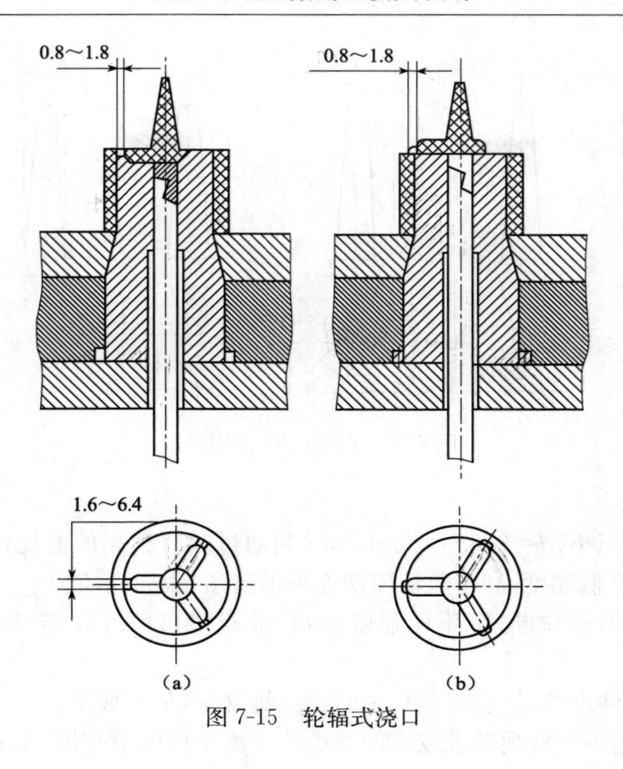

图 7-15　轮辐式浇口

4. 爪形浇口

爪形浇口是轮辐式浇口的变异形式，如图 7-16 所示。

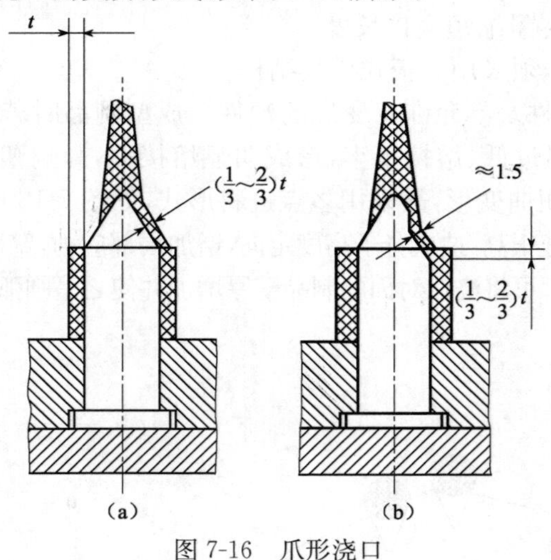

图 7-16　爪形浇口

它是在型芯部的圆锥体上或主浇道的内壁上均匀地开设几处浇口，具有分流式和轮辐式浇口的共同特点。其结构特点是型芯顶端圆锥体，伸入定模内起对中定位作用，易保证塑件内孔与外形同心度，用于内孔较小或有同心度要求的管状塑件。缺点是易产生熔接痕。

5. 点浇口

点浇口又称针状浇口，用于流动性较好的塑料 PZ、PP、ABS、PS 及尼龙类。点浇口的结构形式如图 7-17 所示。

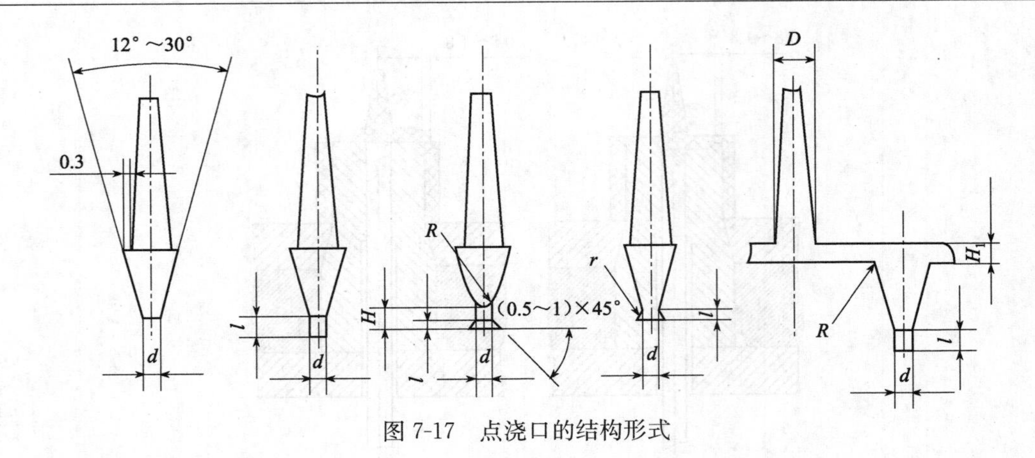

图 7-17　点浇口的结构形式

(1)点浇口的优点

① 因浇口截面积小(d=0.5～1.8mm),熔料通过时有很高的剪切速率和摩擦,产生热量,提高熔料温度,降低黏度,利于流动使塑件外形清晰,表面光洁。

② 浇口开模时即被拉断,呈不明显圆点痕,故点浇口可开在塑件任何位置而不影响外观。

③ 一般开在塑件顶部,注射流程短,拐角小,排气好,易于成型。

④ 应用广泛,适用于外观要求较高的壳类或盒类塑件的单腔模、多腔模等各种模具。

(2)采用点浇口时应注意的问题

① 因直径小、注射压力损失大,引起的收缩率大,浇口附近会产生较大的内应力而引起翘曲、变形等缺陷,故应尽量缩短浇口长度。

② 为清除浇注凝料,须采用三板式模具结构。

③ 不宜成型平薄塑件及不允许有变形的塑件。成型制品时若采用单个点浇口会因流程长,而导致熔接处料温过低,熔接不牢,形成明显熔接痕,影响塑件外观和强度。同时因料温差异大而引起塑件扭曲变形,故采用多点进料形式,如图 7-18 所示。

④ 浇口附近熔料流速很高,造成分子高度定向,增加局部应力,壁薄塑件易发生开裂。在不影响制品使用性能前提下,可将浇口对面的制品壁厚增加并使之呈圆弧过渡,如图 7-19 所示。

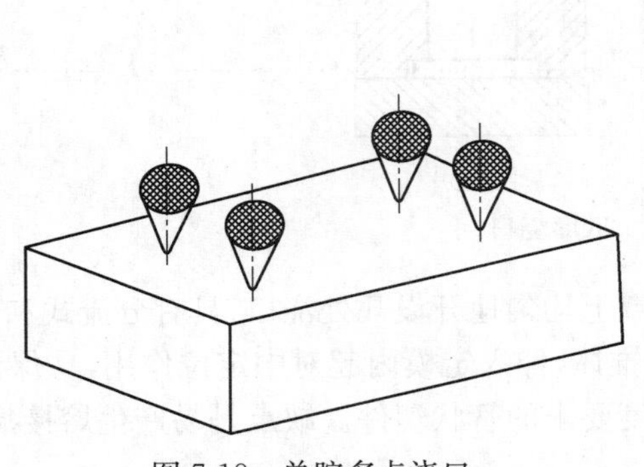

图 7-18　单腔多点浇口

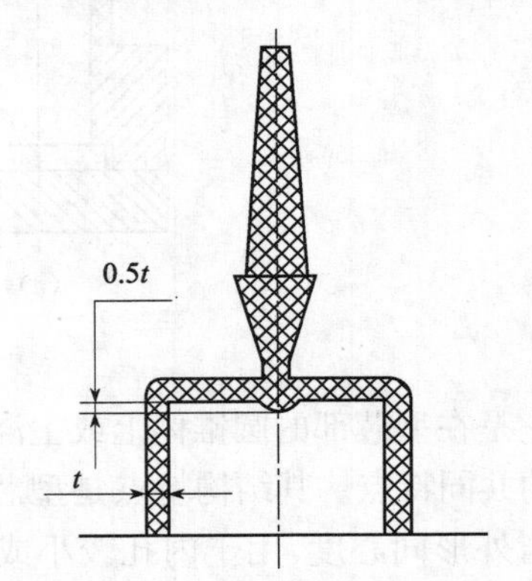

图 7-19　薄壁塑件的点浇口形式

6. 侧浇口

侧浇口开设在模具分型面处,从塑件侧面进料,适用于一模多腔。

(1)侧浇口的优点

① 截面为扁平形状,冷却时间短,从而缩短成型周期,提高生产效率。

② 易去除浇注系统凝料而不影响塑件外观。

③ 可根据塑件形状特点灵活选择浇口位置。

④ 因截面小,熔料受挤压和剪切,能改善流动状况,便于成型和提高制品表面光洁度;减小浇口附近残余应力,避免变形、开裂及流动纹的出现。

⑤ 浇口在分型面上且形状简单故易加工,且可随时调整尺寸,使各型腔浇注平衡。

(2)使用侧浇口应注意的问题

① 压力损失大,需用较大的注射压力或缩短浇口长度。

② 易形成熔接痕、缩孔、气泡等缺陷,设计时需考虑浇口位置的选择和排气措施。

(3)热塑性塑料注射模一般采用矩形侧浇口,其结构形式如图 7-20 所示。

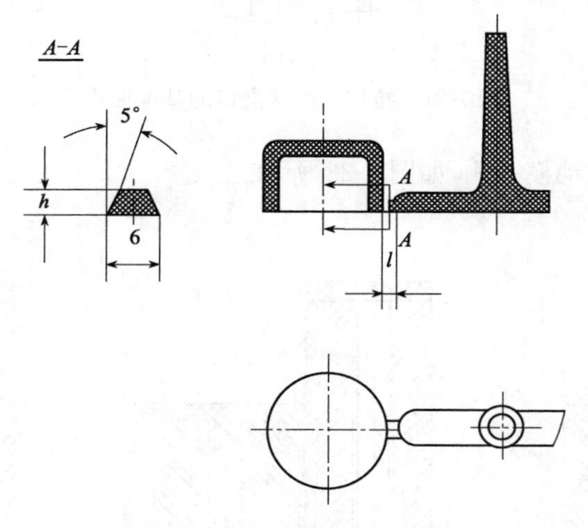

图 7-20　矩形侧浇口基本形式

7. 潜状式浇口

潜状式浇口是点浇口的变异。分浇道一部分位于分型面上,另一部分呈倾斜状潜伏在分型面下方(或上方)塑件的侧面或里面,为设置脱模时便于自动切断的点状浇口。

(1)潜状式浇口除具有点浇口的优点外,还有以下特点:

① 位置选择范围广,可在塑件的外表面、侧表面、端面、背面,截面积小,不损伤塑件外表面。

② 开模时即自动切断浇口凝料,无后加工,效率高,易实现自动化。

③ 不同于点浇口模具的三模板二次开模取出凝料,潜伏式浇口只用二板式一次开模即可。

④ 用专用铣刀加工,方便。

(2)潜伏式浇口的几种形式

① 拉切式浇口:分浇道设在主分型面上,浇口潜入型腔板一侧,斜向进入型腔,如图 7-21 所示。

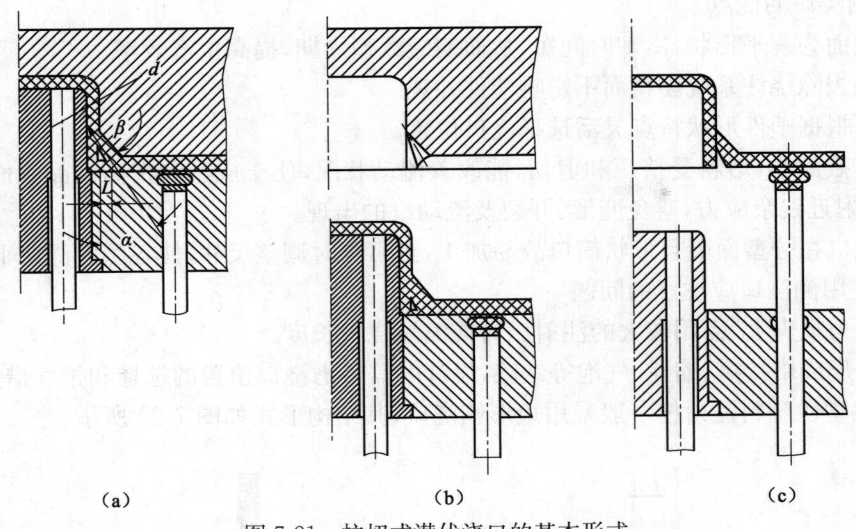

图 7-21 拉切式潜伏浇口的基本形式

② 推切式:浇口在动模一侧,如图 7-22 所示。

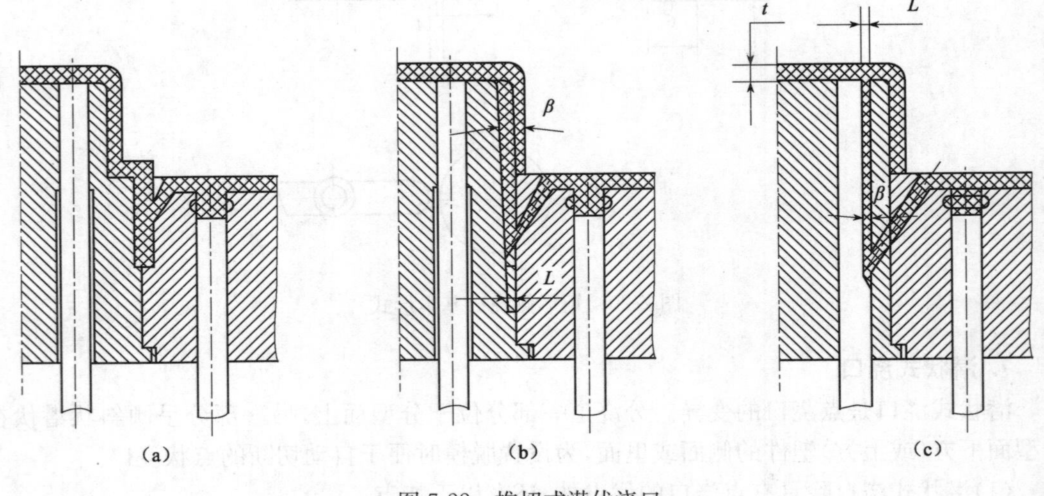

图 7-22 推切式潜伏浇口

8. 护耳形浇口

护耳形浇口如图 7-23 所示。自分浇道的料流经过浇口不直接进入型腔,而是先进入直浇口垂直的耳槽侧壁上,从而缓冲了流速,改变了流向,使之平滑均匀地流入型腔,故可减小浇口附近的残余应力,并防止涡流的产生,利于塑件外观,适用于对应力敏感的材料,如硬聚氯乙烯、聚碳酸酯、ABS、有机玻璃等。

(1)护耳形浇口的优点

① 浇口附近局部应力集中得到缓解。

② 由浇口引起的变形、翘曲、缩孔等缺陷集中在耳槽部位,成型后被切除,保证塑件质量。

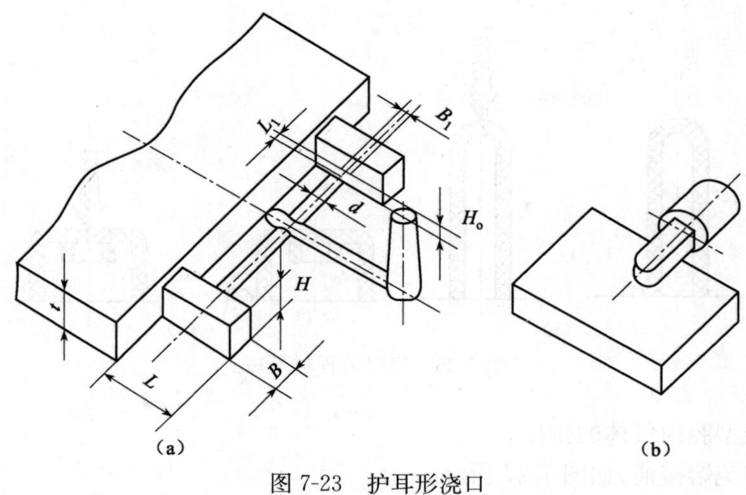

图 7-23 护耳形浇口

(2)护耳形浇口的缺点

去除浇注凝料较麻烦。

7.7.2 浇口设计要点

① 选择在不影响塑件外观的部位,如图 7-24 所示。

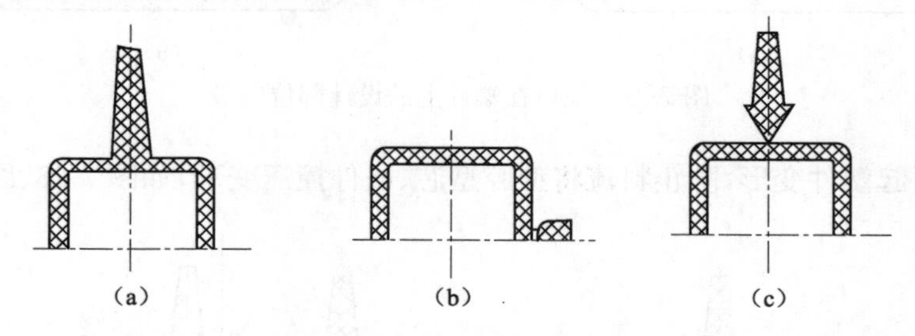

图 7-24 浇口在塑件上的设计部位(一)

② 浇口应不影响塑件的使用性能,如图 7-25 所示。

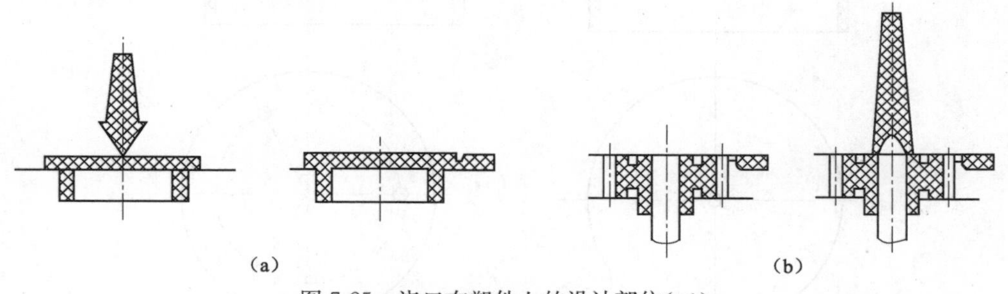

图 7-25 浇口在塑件上的设计部位(二)

③ 应尽量避免产生喷射和蠕动现象。

④ 应开设在壁厚处以保证最终压力有效地传到塑件厚部,利于填充与补料。

⑤ 尽量缩短流程,减少变向,以降低压力损失,如图 7-26(a)、(b)所示。

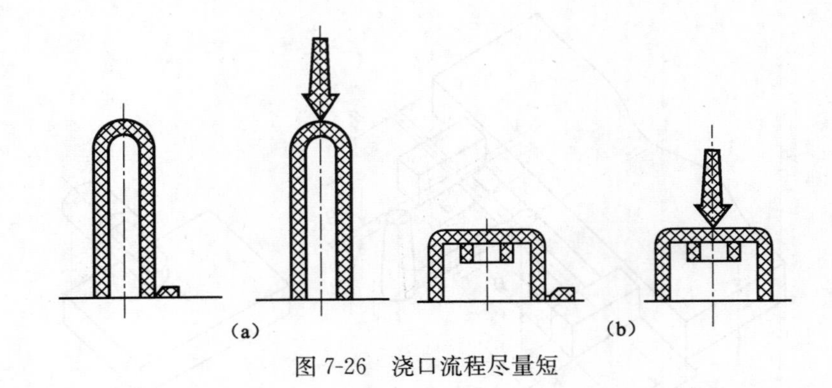

图 7-26　浇口流程尽量短

⑥ 应利于型腔内气体的排出。

⑦ 尽量避免熔接痕，如图 7-27 所示。

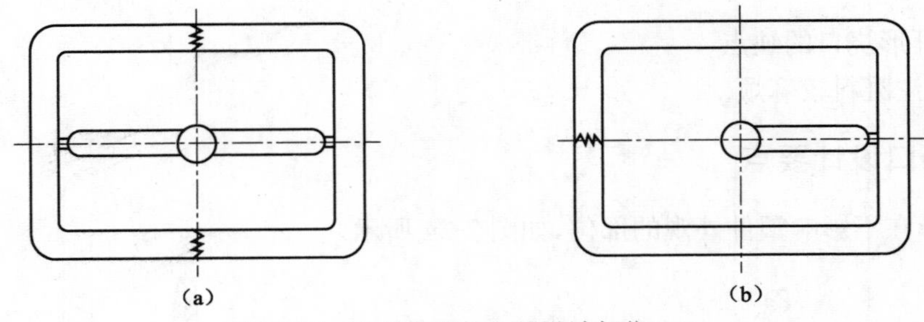

图 7-27　浇口在塑件上的设计部位(三)

⑧ 避免引起塑件变形，防止料流将型腔型芯、嵌件撞压变形，如图 7-28、图 7-29 所示。

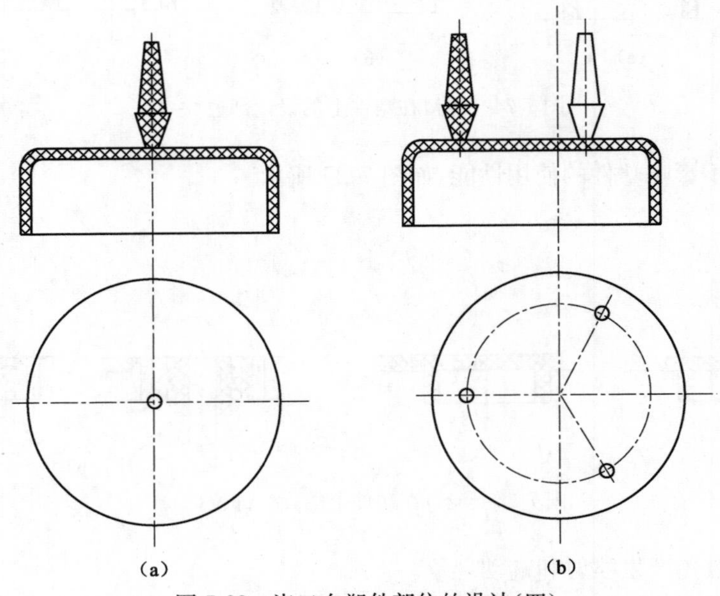

图 7-28　浇口在塑件部位的设计(四)

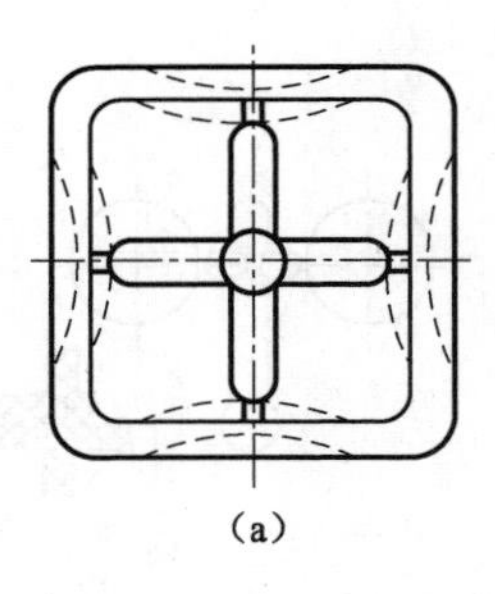

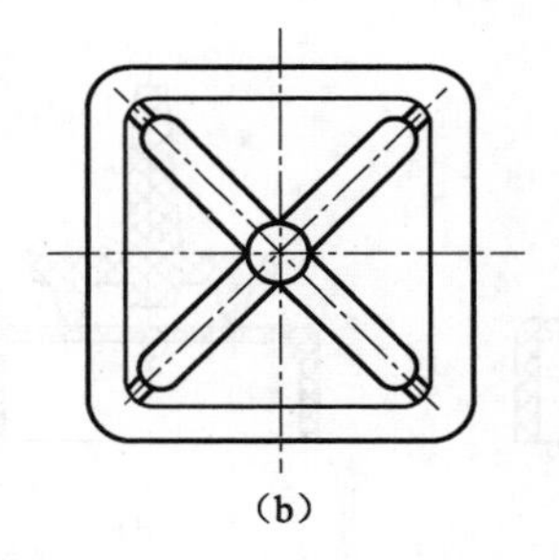

图 7-29　浇口设在拐角处

⑨ 尽量设在便于熔体流动的方向。

⑩ 应便于清除凝料，如盘形、轮辐或爪形、潜伏式。

⑪ 浇口与分浇道的连接处应采用圆弧或斜面相连，平滑过渡。

⑫ 初始值应取较小，为试模时必要的修正留有余地。

7.8　冷料穴和拉料脱模装置

7.8.1　冷料穴

主浇道的末端（主浇道正对面的动模板上）或分浇道的末端。

1. 冷料穴的作用

① 储存注射间歇期间喷嘴前端的冷料，以防其进入浇道，阻塞或减缓料流或进入型腔，在塑件上形成冷疤或冷斑；

② 将主浇道凝料拉出。

2. 冷料穴的尺寸

直径大于主浇道大端直径，长度约为主浇道大端直径，如图 7-30 所示。

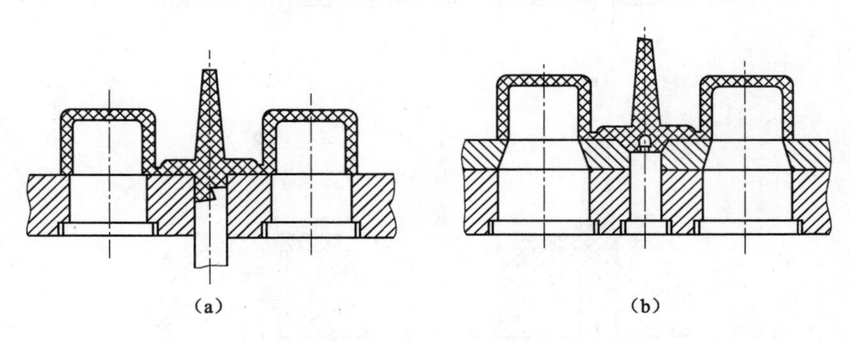

图 7-30　冷料穴的基本形式和位置

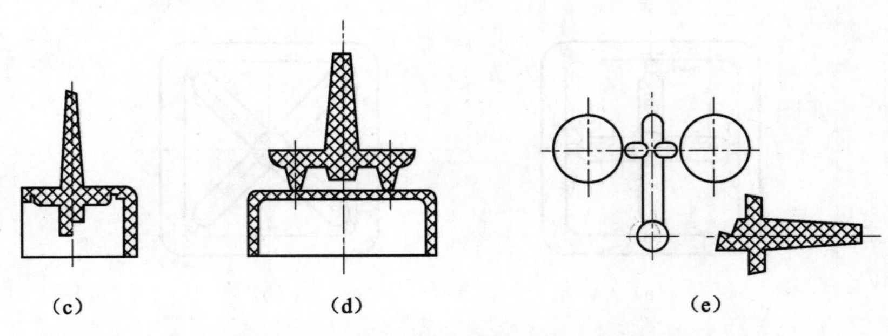

图 7-30　冷料穴的基本形式和位置(续)

7.8.2　拉料装置

1. 拉料装置的分类

① 顶杆式拉料装置:由冷料穴和顶杆组成,基本形式和主要尺寸如图 7-31 所示。

② Z 形拉料杆:常用形式,但凝料脱出时需一侧向移动,当模具结构限制不允许时不宜用。

③ 在冷料穴内壁上设阻碍凝料被拔出的结构,如图 7-31(b)所示内环槽式和图 7-31(c)所示倒锥式。

④ 在冷料穴一端攻一段线螺纹,如图 7-31(d)所示。

⑤ 利用冷料穴内壁的粗糙面。

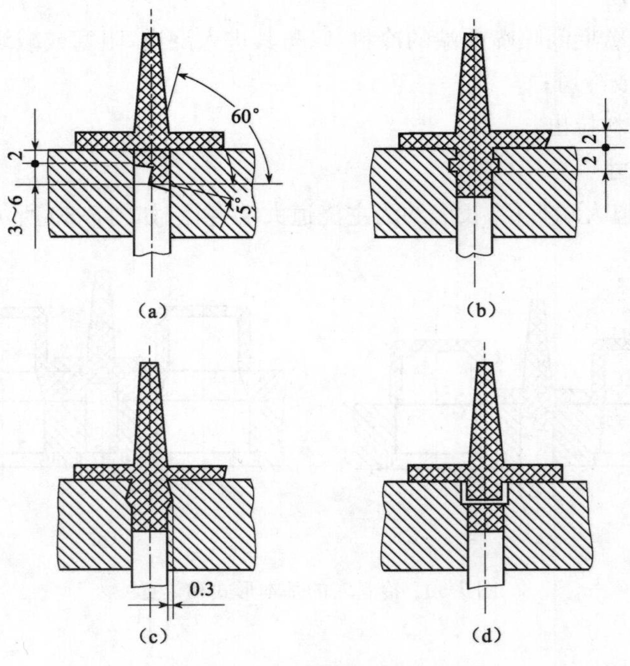

图 7-31　拉料杆拉料装置

2. 拉料杆式拉料装置

由冷料穴和拉料杆组成，拉料杆安装在型芯固定板上，不与顶出系统联动，常用的结构形式和主要尺寸如图 7-32 所示。

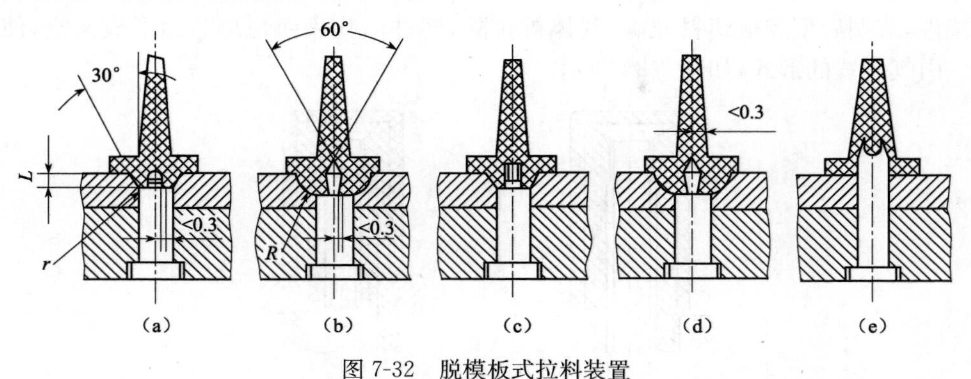

图 7-32　脱模板式拉料装置

7.9　排气和引气系统

7.9.1　排气系统

1. 排气系统的作用及气体来源

其作用是在注射过程中将型腔中的气体顺利排出，以免塑料产生气泡、疏松等缺陷。模具型腔中的气体来源主要有：浇注系统和型腔中原有的空气；塑料中的水分在注射温度下蒸发的水蒸气；塑料熔体受热分解产生的挥发气体；熔体中某些添加剂的挥发和化学反应生成气体。

2. 排气系统的设计要点

设计要点如下：①保证迅速、有序、通畅，排气速度应与注射速度相适应；②排气槽设在塑料流末端；③应设在主分型面凹模一侧：便于加工和修整，若产生气体起边，容易脱模和去除；④尽量设在塑件较厚的部位；⑤设在便于清理的位置以免积存冷料；⑥排气方向应避开操作区，以防高温熔料溅出伤人；⑦其深度与塑料流动性及注射压力、温度有关。

3. 排气系统的位置和形式

各种排气的位置和形式如图 7-33 所示。

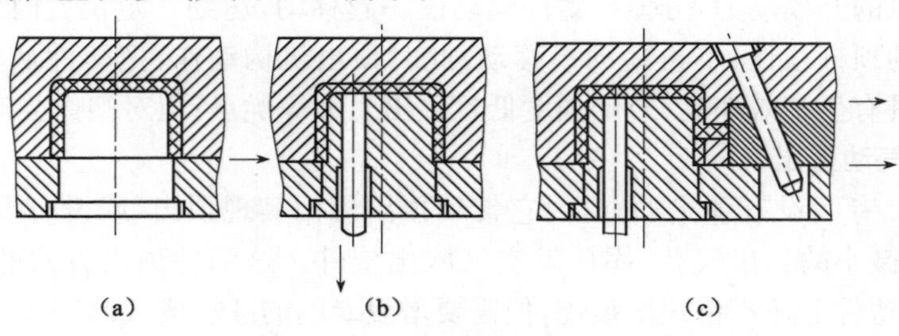

图 7-33　排气系统的位置和形式

7.9.2 引气系统

其作用与排气系统相反，是为顺利脱出塑件而采取的一种措施。大型深腔底部密封的壳形塑件，成型后型腔被塑料充满，气体被排除，塑件内孔表面与型芯间形成真空，使脱模困难。引气装置的形式，如图 7-34 所示。

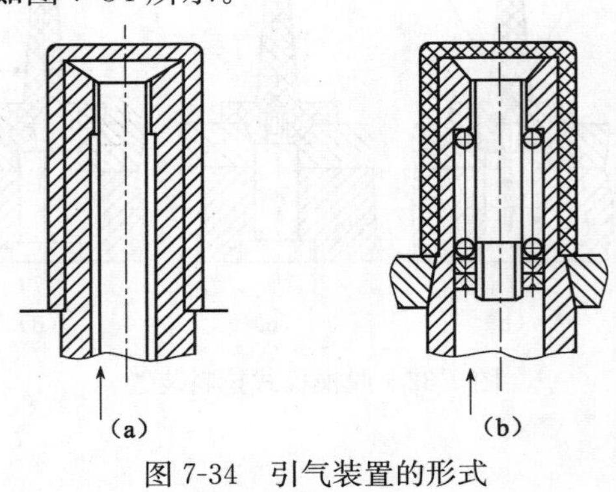

图 7-34　引气装置的形式

7.10　顶出机构及其基本形式

7.10.1　顶出机构的分类

在注射成型的每一循环中，塑件必须由模具型腔中取出。完成取出塑件这个动作的机构就是顶出机构，也称为脱模机构。

顶出机构按驱动方式可分为：手动顶出、机动顶出、液压或气动顶出。按模具结构可分为：一次顶出、二次顶出、螺纹顶出、特殊顶出。

1. 手动顶出

手动顶出是指当模具分型后，用人工操纵顶出机构（如手动杠杆）取出塑件。对一些不带孔的扁平塑件，由于它与模具的黏附力不大，在模具结构上可不设顶出机构，而直接用手或钳子取出塑件。使用这种顶出方式时，工人的劳动强度大，生产效率低，并且顶出力受人力限制，不能很大。但是顶出动作平稳，对塑件无撞击，顶出后制品不易变形，而且操作安全。在大批量生产中不宜采用这种顶出方式。

2. 机动顶出

利用注射机的开模动力，分型后塑件随动模一起移动，达到一定位置时，顶出机构被机床上固定不动的顶杆顶住，不再随动模移动，此时顶出机构动作，把塑件从动模上脱下来。这种顶出方式具有生产效率高、劳动强度低且顶出力大等优点；但对塑件会产生撞击。

3. 液压或气动顶出

在注射机上专门设有顶出油缸，由它带动顶出机构实现顶出，或设有专门的气源和气路，通过型腔里微小的顶出气孔，靠压缩空气吹出塑件。这两种顶出方式的顶出力可以控制，气动顶出时塑件上还不留顶出痕迹，但需要增设专门的液动或气动装置。

7.10.2　顶出机构的设计原则

① 顶出机构的运动要准确、可靠、灵活，无卡死现象，机构本身要有足够的刚度和强度，足以克服顶出阻力。

② 保证在顶出过程中塑件不变形，这是对顶出机构的最基本要求。在设计时要正确估计塑件对模具黏附力的大小和所在位置，合理地设置顶出部位，使顶出力能均匀合理地分布，要让塑件能平稳地从模具中脱出而不会产生变形。顶出力中大部分是用来克服因塑料收缩而产生的包紧力，这个力的大小与塑料品种、性能，塑件的几何形状复杂程度，型腔深度，壁厚还有模具温度，顶出时间，脱模斜度，模具成型零件的表面粗糙度等因素有关。其影响因素较为复杂，很难准确地进行计算。一般原则是塑料收缩率越大，塑件壁越厚，型芯尺寸越大，形状越复杂，型腔深度越深，脱模斜度越小，模具温度越低，冷却时间越长，成型零件表面粗糙度越大，其对模具的包紧力就越大。此时就应选择顶出力较大的顶出方式。

③ 顶出力的分布应尽量靠近型芯(因型芯处包紧力最大)，且顶出面积应尽可能大，以防塑件被顶坏。

④ 顶出力应作用在不易使其产生变形的部位，如加强筋、凸缘、厚壁处等。应尽量避免使顶出力作用在塑件平面位置上。

⑤ 若顶出部位需设在塑件使用或装配的基准面上时，为不影响塑件尺寸和使用，一般使顶杆与塑件接触部位处凹进塑件 0.1mm 左右，而顶出杆端面则应高于基准面，否则塑件表面会出现凸起，影响基准面的平整和外观。

7.10.3　顶出机构的基本形式

1. 顶杆顶出机构

(1)基本形式

常用断面形状有圆形、矩形、腰形、半圆形、弓形和盘形等。如图 7-35 所示。

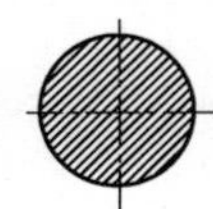
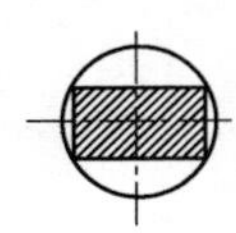
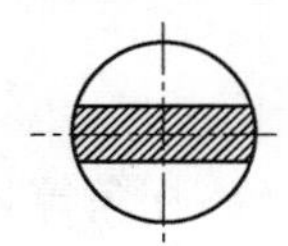
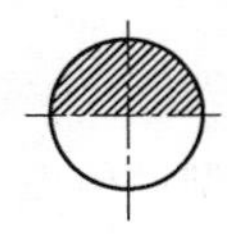
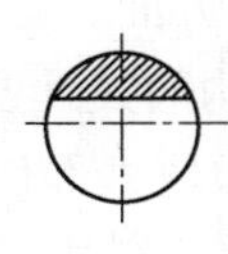
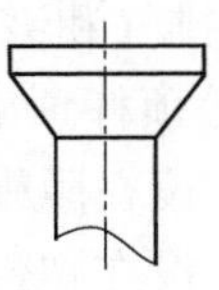

图 7-35　顶杆常用断面形状

① 圆形：易加工，容易保证配合精度及互换性；易于更换，滑动阻力最好，不卡滞，应用最广。

② 矩形：用于深而窄的立墙和立筋型腔中，因狭窄的顶出孔难加工，故其顶出位置多选择在组合型芯的拼合处。

③ 半圆形：多在塑件外缘处顶出或靠近型芯镶块附近处采用。半圆形顶杆加工较易，但半圆形顶杆孔加工较难。

④ 盘形：用于深腔、脱模斜度小、薄底的筒形塑件。

(2)顶杆的结构形式和固定形式

① 顶杆的结构形式，如图 7-36 所示。

② 顶杆的固定方式，如图 7-37 所示。

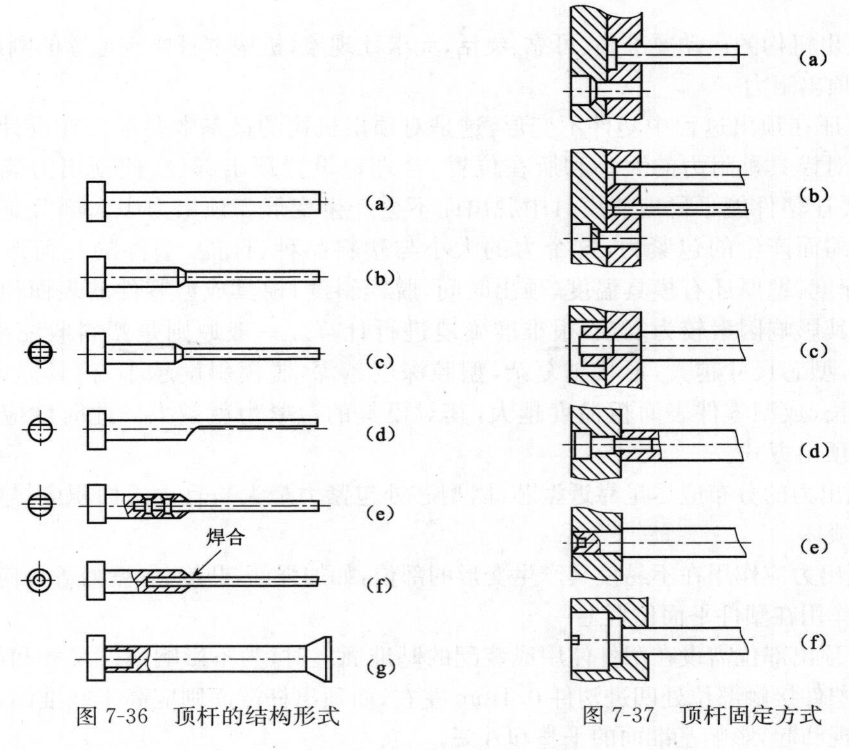

图 7-36　顶杆的结构形式　　图 7-37　顶杆固定方式

配合长度 L：当 $d<6$ mm 时，$L=2d$；当 $d=(6\sim10)$ mm 时，$L<1.5d$ 。

配合精度：理论上，单边间隙不大于塑料的允许溢边值即可。实际上要求总间隙不大于塑料的允许溢边值。因各种塑料的溢边值不同，故顶杆和顶杆孔的配合精度为一范围 H8/f8～H9/f9。

顶杆和顶杆孔的配合间隙在注射时起排气作用，间隙大则排气功能好。故选择间隙时需兼顾排气和溢料两方面。

(3)顶杆顶出机构的设计要点

① 设在脱模阻力较大部位：成型件侧壁、边缘、拐角等处。

② 设在塑件承受力较大的部位：较厚处、立壁、加强筋、凸缘上，以防顶出变形。

③ 位置布局合理，顶出受力平衡，以避免塑件变形。

④ 在确保顶出的前提下，数量尽量少以简化模具结构，减少顶出对塑件表面影响。

⑤ 对有装配要求的塑件顶杆端面应高出形芯 $h=0.1\sim0.5$ mm，以免影响塑件装配，但不能太高。

⑥ 顶杆应尽量短以保证顶出时的刚度、强度。

⑦ 不易过细，$\varphi<3$ mm 时，应采用阶梯形提高刚度。

⑧ 必须在塑件斜面设置顶杆时，为防止顶出过程中滑动，在顶杆部斜面上开横槽。

⑨ 当薄、平塑件上不允许有顶出痕迹时，将顶杆设在浇口附近。

⑩ 在带侧抽机构的模具中，顶杆位置尽量避免与活动型芯发生运动干扰。

⑪ 避开冷却水路。

(4)材料

T8A、T10A,头部淬硬 HRC50～55。

2. 顶管顶出机构

用于中心有圆孔的塑件及环形轴套类塑件。顶出时周边接触塑件,动作稳定可靠,塑件顶出均匀不变形,无明显痕迹,但精度要求高。材料 T8A、T10A,经淬硬处理 HRC50～55。加工较难,应尽量采用标准件。

(1)顶管顶出机构的基本形式

① 型芯固定在动模座板上,顶管固定在顶杆固定板上。如图 7-38(a)、(b)所示;

特点:结构可靠,但型芯和顶管太长,制造、装配、调整均困难。

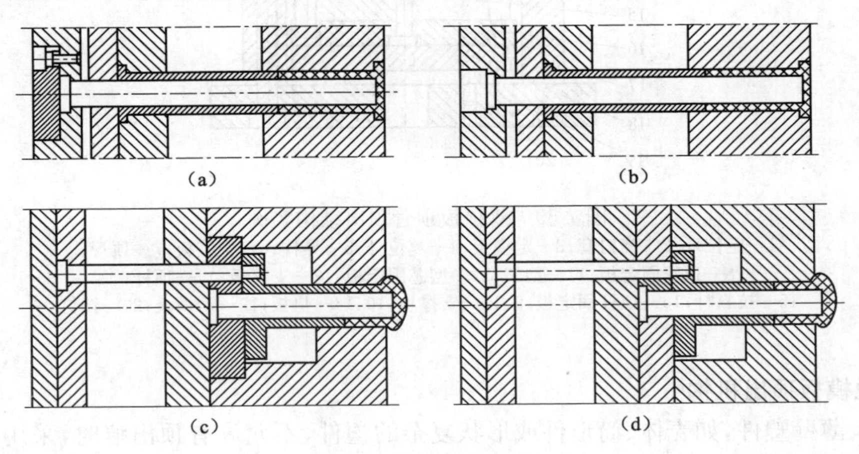

图 7-38　顶管顶出的基本形式

② 如图 7-38(c)、(d)所示,型芯固定在动模板上,顶管和顶管座成为一体。另有一辅助顶杆。辅助顶杆在顶出板的作用下推动顶管座和顶管在型腔板内滑动。这可使顶管和型芯长度缩短,但型腔板厚度增大。

(2)顶管顶出的设计要点

① 用于顶出塑件的厚度不小于 1.5mm,否则强度难保证。

② 顶管的组装精度与顶杆的组装精度相同。

③ 顶管与型芯保持同心,允差不超过 0.02～0.03㎜。其内孔末端应有 0.5mm 的空刀间隙以减少与型芯的摩擦磨损,利于排气,利于加工。

④ 应设置复位装置,必要时还应设导向零件,尤其是顶管直径较小时。

⑤ 材料:T8A、T10A。端部淬硬 HRC50～55。最小淬硬长度大于顶管/型腔板的配合长度与顶出距离之和。

(3)实例

双顶板顶管顶出结构实例如图 7-39 所示。其开模过程为:首先定模板 3 与型腔板 6 分开,主浇道从定模板 3 中脱出;然后注射机的顶杆推动垫板 18,垫板 18 再推动拉料杆 15 和顶杆 14,在浇道被拉料杆顶出的同时,顶杆 14 再推动垫板 10 和顶管 7,将塑件从型芯 11 上脱出。

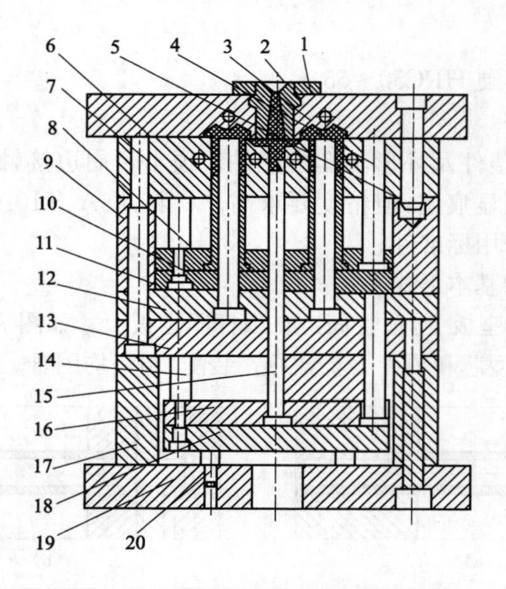

图 7-39　双顶板顶管顶出结构实例

1—定位环；2—浇口套；3—定模板；4—复位杆；5—导柱；6—型腔板；7—顶管；
8—顶管固定板；11—型芯；12—型芯固定板；13—支撑板；14—顶杆；
15—拉料杆；16—顶杆固定板；9、17—支撑块；10、18—垫板；19—动模板；20—挡钉

3. 脱模板顶出机构

深腔、薄壁塑件，如壳体、筒形件或形状复杂的塑件，不允许有顶出痕时，采用脱模板顶出。即在型芯根部安装一块与之形状相同的、滑动配合的顶板。顶出时，顶板沿型芯周边平移。

(1)特点

① 顶出位置在抽拔力较大的塑件底部边缘区，顶出面积大，顶出力大，且无明显顶出痕迹。

② 运动平稳，顶出力均匀，塑件不变形。

③ 无需设顶出机构的复位装置，合模时，脱模板靠合模力的作用带动顶出机构复位。

(2)顶出的结构形式

脱模板顶出的结构形式如图 7-40 所示。

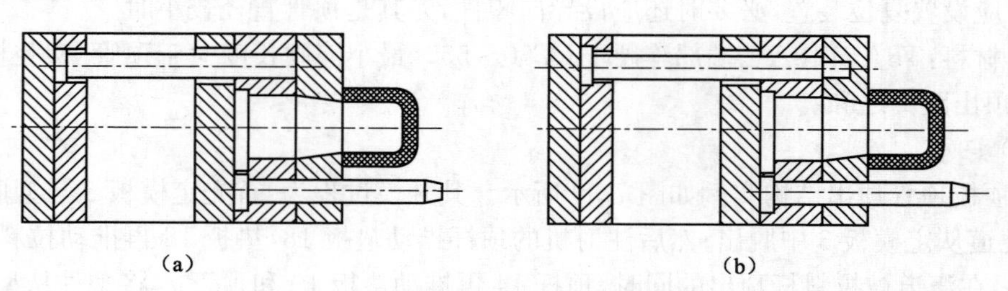

图 7-40　脱模板顶出的常用结构形式

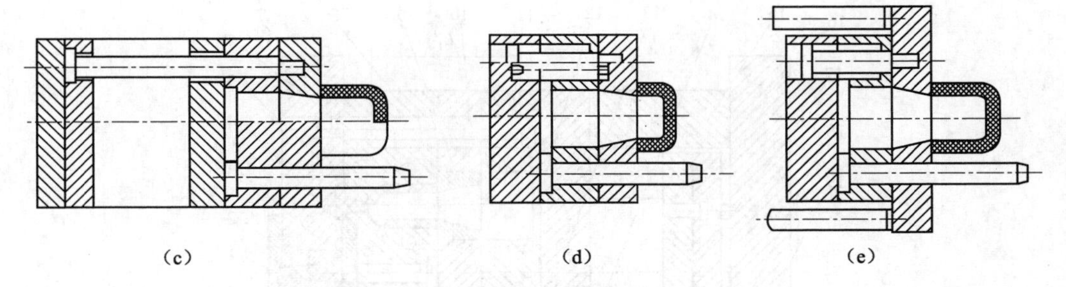

图 7-40　脱模板顶出的常用结构形式(续)

(3)脱模板与型芯的配合形式

应避免因相对移动产生的摩擦、磨损。若采用孔径配合,虽加工简单,但弊病如下:

① 顶出移动时,产生滑动摩擦,造成彼此磨损;且脱模板一旦磨损或磨耗,很难修复。

② 合模复位时,易与在型芯上的尖角发生碰撞而损伤。

③ 垂直配合易因制造误差而产生定位的偏移,使单边的配合间隙过大,产生溢料飞边。

故通常脱模板与型芯均采用斜面配合的形式。如图 7-41 所示。

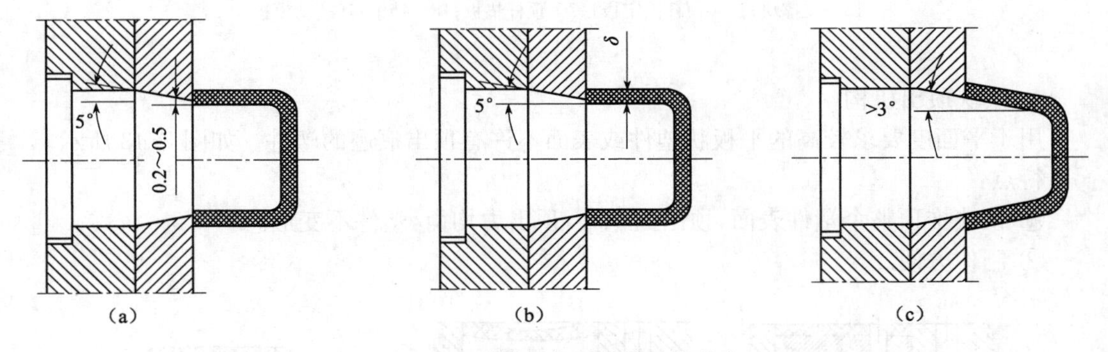

图 7-41　脱模板与型芯的配合形式

(4)脱模板顶出的设计要点

① 推动脱模板的推杆应以顶出力为中心均匀分布,以使脱模板受力平衡,平行移动。推杆兼起脱模板的导向作用。尽量加大顶杆直径,同时采用 H7/f7 配合精度。

② 脱模板与型芯间采用 H8/f8 的间隙配合。即不溢料飞边,又可较好定位。

③ 脱模板的顶出距离不得大于导柱的有效导向长度。

④ 脱模板的配合部分做淬硬处理,常用镶件。

(5)脱模板顶出实例

图 7-42 为多型腔脱模板顶出结构。其开模过程为:定模板 5 首先与型腔板 8 分开,在 *A* 分型面处开模,浇道从定模板 5 中脱出,当限位杆 1 起作用时,拉住托板 4,拉断点浇口;当限位导柱 7 起作用时,拉住型腔板 8,从 *B* 分型面处开模,使塑件留在型芯 11 上;然后顶杆垫板 17 再推动顶杆 14 和脱模板 10,将塑件从型芯上脱出。

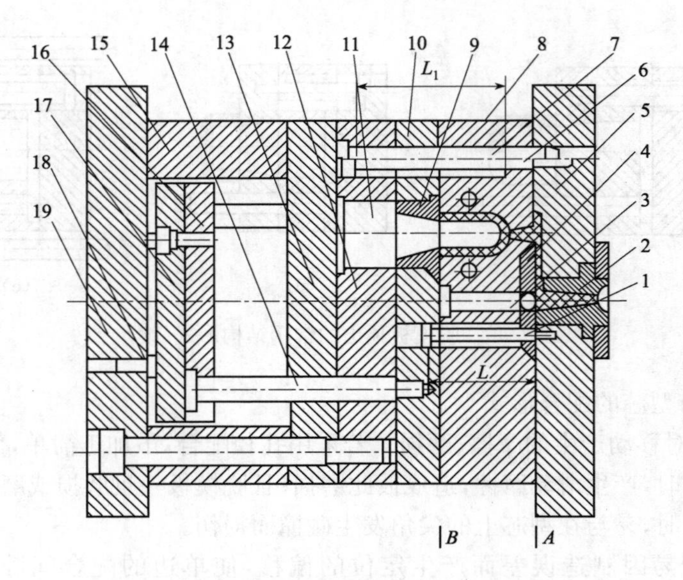

图 7-42　多型腔脱模板顶出结构实例

1—限位杆；2—浇口套；3—拉料杆；4—托板；5—定模板；6、7—限位导柱；8—型腔板；9—镶套；10—脱模板；11—型芯；12—固定板；13—支撑板；14—顶杆；15—支撑块；16—顶杆固定板；17—顶杆垫板；18—挡销；19—动模板

4. 顶块顶出机构

用于平面度要求较高的平板状塑件或表面不许有顶出痕迹的塑件。如图 7-43 所示。

特点：

① 顶块推顶整个塑件表面，顶出面积大，顶出力均衡，塑件不变形。

② 制作方便。

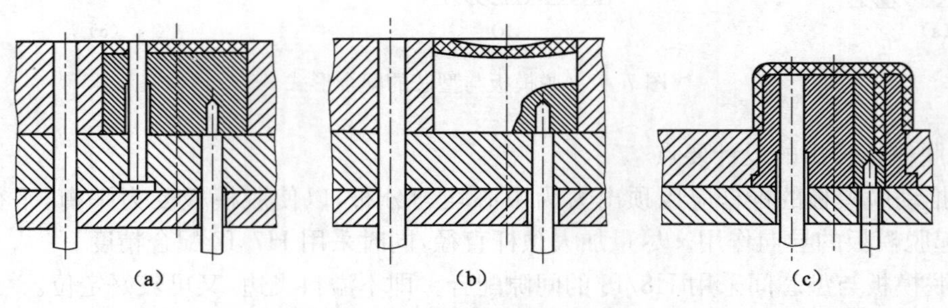

图 7-43　顶块顶出的基本形式

5. 气动顶出机构

对薄壁、深腔壳状塑件，气动顶出可使模具结构简单，省去顶出机构，缩短了模具闭合高度，同时塑件无顶痕。简单有效，经济实用。

(1)气动顶出基本形式

气动顶出基本形式，如图 7-44 所示。

(2)气动顶出设计要点

① 压缩空气供应充足。多腔模具中各腔供应的压缩空气必须均衡。

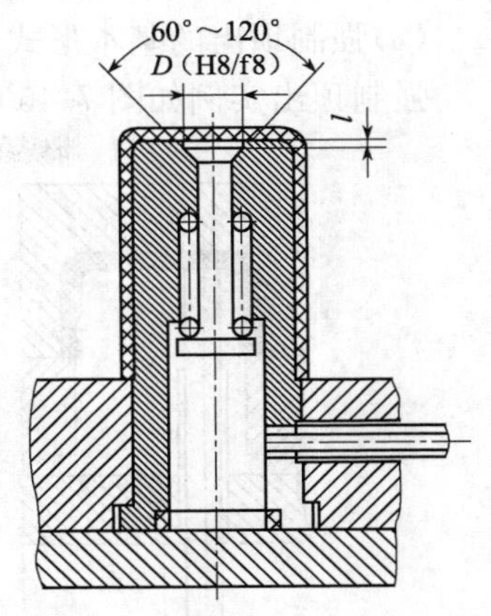

图7-44　气动顶出基本形式

② 气道阀门密封良好，避免塑料溢入；气道密封应良好，防止泄漏影响顶出力。

③ 带底孔的塑件尽量不用气动顶出。

④ 采用气动顶出时，型芯脱模斜度应尽量小。

⑤ 采用锥形阀气动顶出时，应根据塑件底部面积选择合适的锥阀直径和锥度。

⑥ 矩形塑件采用气动顶出时，可采用两个或多个气动顶出，以免塑件受力不均衡。

6. 联合顶出机构

联合顶出机构如图7-45所示，可分为以下几种：(a) 顶杆（主）＋顶管（辅）；(b) 顶板（主）＋顶杆（辅）；(c) 脱模板（主）＋顶管（辅）；(d) 顶杆（主）＋顶块（辅）；(e) 气动（主）＋顶杆（辅）；(f) 脱模板（主）＋顶管＋顶杆。

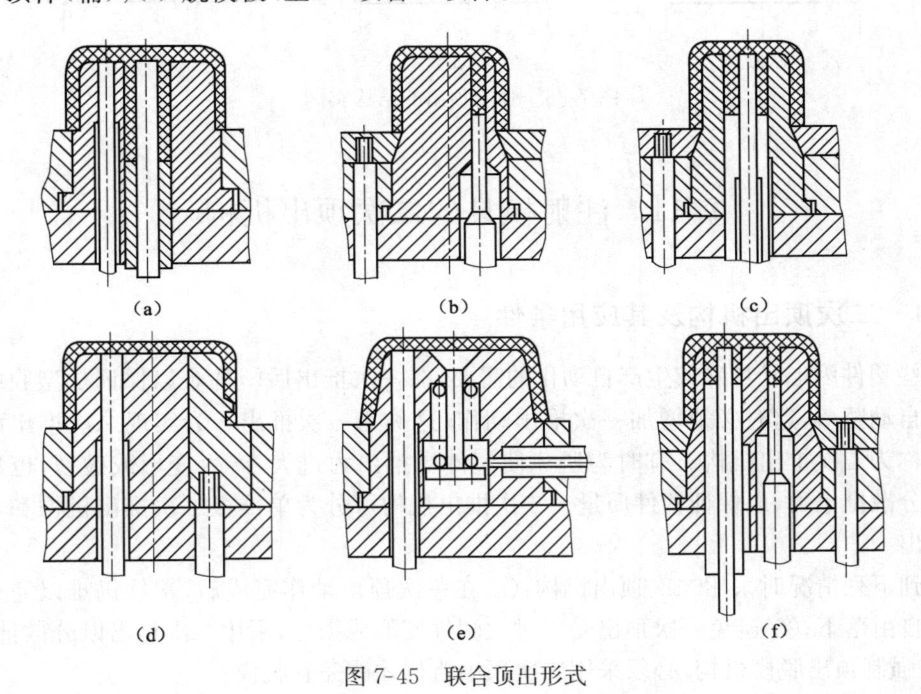

图7-45　联合顶出形式

7. 强制顶出机构

塑件内外侧带有较浅的凸、凹环或槽时，可利用塑料的弹性，将凸凹部分强制顶出。

(1)强制顶出的基本条件

① 塑件应具有足够的弹性。

② 需强制顶出的凹槽较浅。

③ 内侧凹槽允许带有圆角。

(2)强制顶出的基本形式

强制顶出实例如图 7-46 所示。

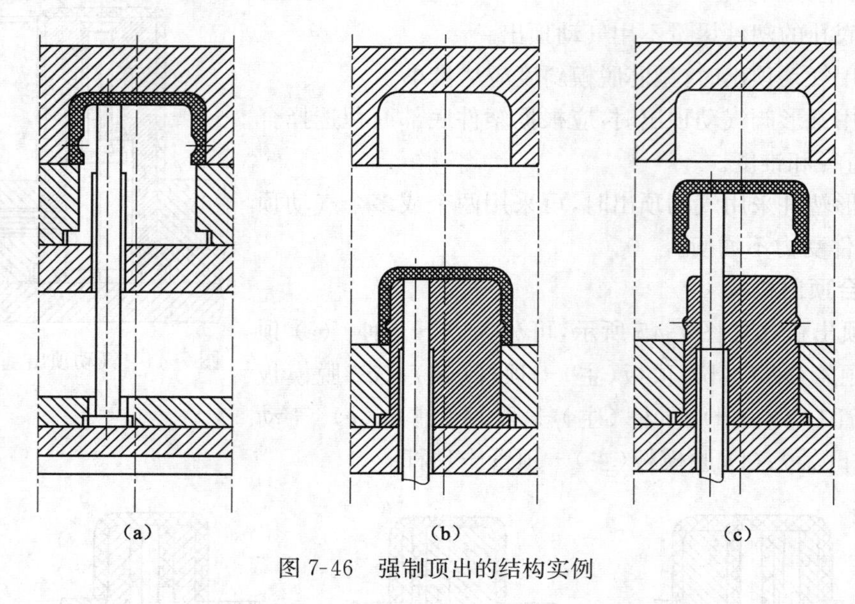

图 7-46　强制顶出的结构实例

7.11　注射模具的二次顶出机构

7.11.1　二次顶出机构及其应用条件

有些塑件因形状特殊或生产自动化的需要,在一次推出后塑件难以保证从型腔中脱出或不能自动坠落,这时必须增加一次推出动作,这称为二次推出。为实现二次推出而设置的机构称为二次推出机构。有时为避免使塑件受推出力过大,产生变形或破裂,也采用二次推出分散推出力,以保证塑件质量。二次推出机构可分为单推板二次推出机构和双推板二次推出。

遇到下列情况时采用二次顶出机构:① 在一次顶出动作完成后,塑件仍难以完全脱模或不能自由落下;② 避免一次顶出受力过大塑件变形或损坏,采用二次顶出以分散抽拔力;③ 某些强制顶出脱模机构,必须采用二次顶出机构才能完整脱模。

7.11.2　单推板二次推出机构

图 7-47 中所示的塑件,其边缘有一个倒锥形的侧凹,如果直接采用推杆推出,塑件将无法推出,采用图 7-47 所示的弹簧式二次推出机构,就能够顺利地推出塑件。模具闭合时,如图 7-47(a)所示,模具注射成型后打开,压缩弹簧 5 弹起,使动模板推出,将塑件脱离型芯 2 的约束,使塑件边缘的倒锥部分脱离型芯 2,如图 7-47(b)所示,完成第一次推出。模具完全打开后,推板 6 推动推杆 3 进行第二次推出,将塑件从动模板 4 上推落,如图 7-47(c)所示。

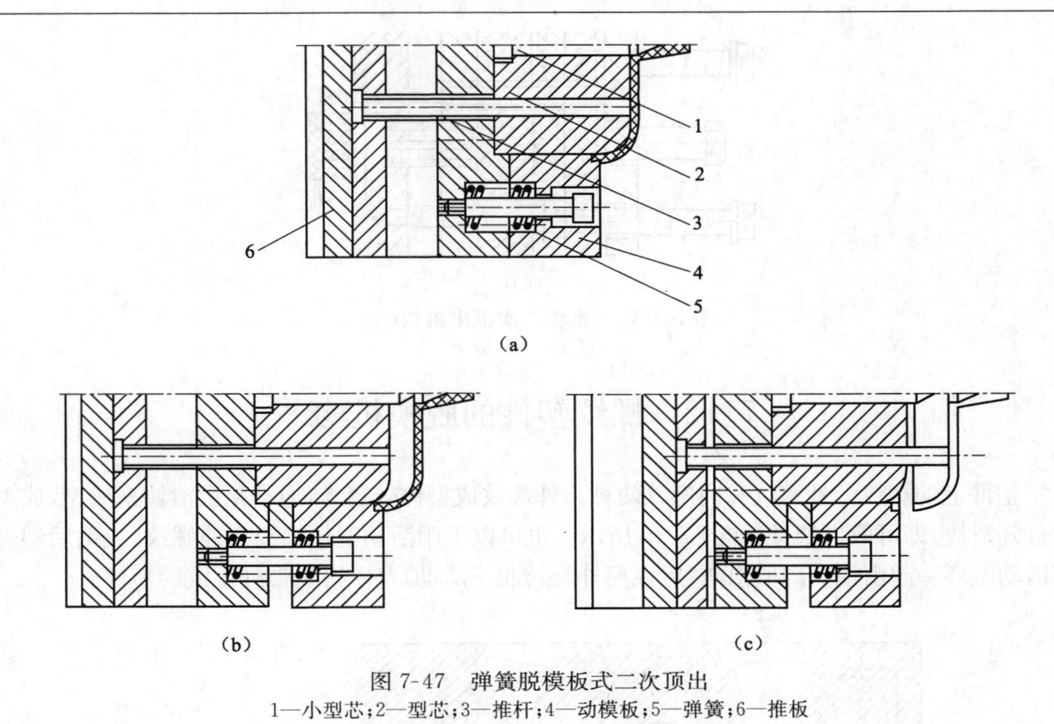

图 7-47 弹簧脱模板式二次顶出
1—小型芯；2—型芯；3—推杆；4—动模板；5—弹簧；6—推板

7.11.3 双推板二次推出机构

双推板二次推出机构是在注射模具中设置两组推板，它们分别带动一组推出零件实现塑件的二次推出。

如图 7-48(a)所示，由于塑件包紧在一组小型芯上，一次推出其推出力过大，所以采用二次推出机构。推出时，注射机推出装置推动推板 7，带动推杆 4 使动模型腔板 1 移动，将塑件从型芯 3 上脱出，完成一次推出，如图 7-48(b)所示。同时，推板 7 带动限位螺钉 5，使弹簧 8 被压缩，并促使推板 6 及推杆 2 同时移动。当弹簧 8 被压缩到一定程度时，其弹力推动推板 6 及推杆 2，从动模型腔板 1 上将塑件推出，完成二次推出，如图 7-48(c)所示。

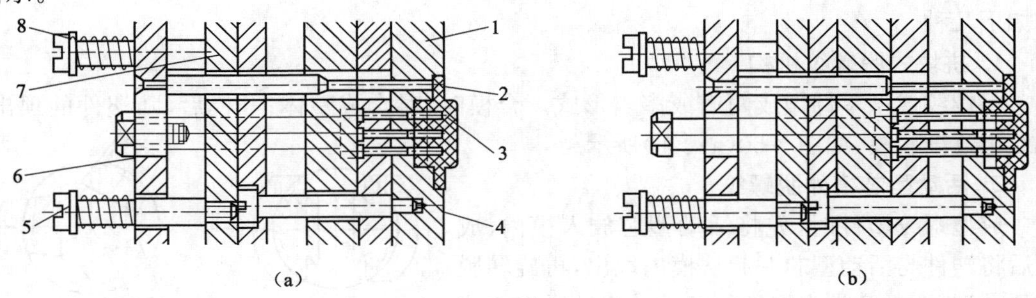

图 7-48 双推板二次推出机构
1—动模型腔板；2—推杆；3—型芯；4—推杆；5—限位螺钉；6、7—推板；8—弹簧

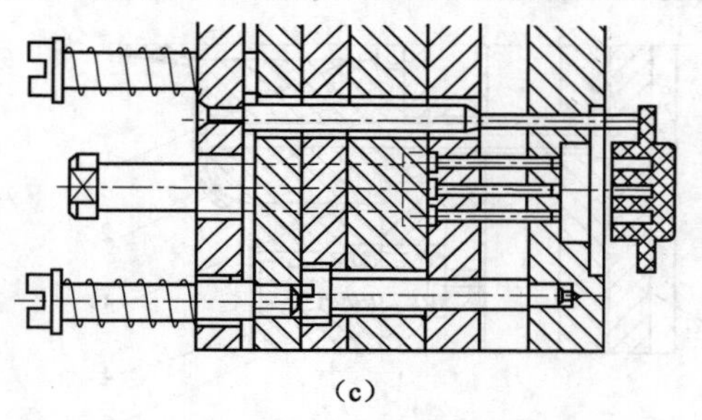

(c)

图 7-48　双推板二次推出机构(续)

7.12　螺纹塑件的脱模机构

塑件上的螺纹分外螺纹和内螺纹两种。外螺纹成型比较容易，通常是由滑块来成型，成型后打开滑块，即可取出塑件，如图 7-49 所示。也可以采用活动型环来成型外螺纹，成型后塑件与活动型环一起由模具内取出，然后在模外旋转脱下活动型环，得到带外螺纹的塑件。

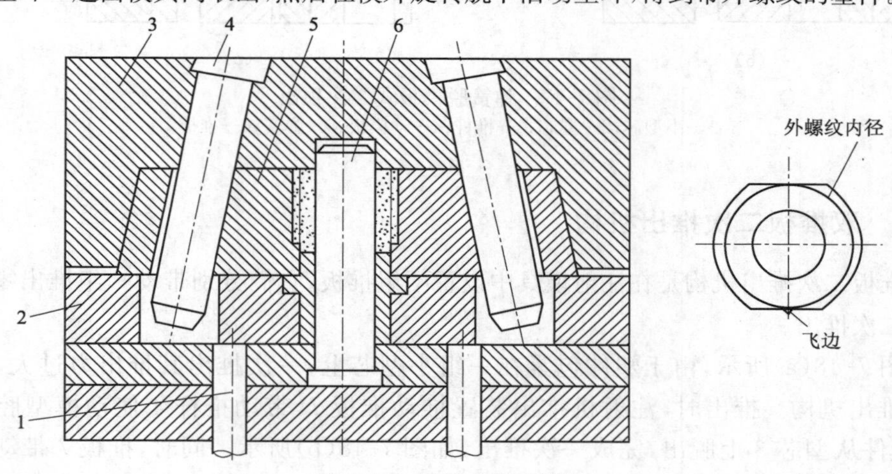

图 7-49　滑块成型外螺纹

1—推杆；2—脱模板；3—定模板；4—斜导柱；5—滑块；6—型芯

塑件上的内螺纹成型时，受到模具空间的限制，因此其脱模方式较为复杂，常见的形式有如下几种。

1. 拼块式脱螺纹机构

将螺纹成型零件做成两瓣或多瓣形式。合模时，对合成整体；开模后，随塑件的顶出，螺纹也逐渐脱模，如图 7-50(a)、(b)所示。

2. 活动型芯模外脱螺纹

成型螺纹塑件时，先将活动型芯放入模内，成型后将塑件与活动型芯一起从模内取出，再旋转脱出活动型芯，得到带内螺纹的塑件。这种脱模方式结构简单，但生产效率低，操作工人劳动强度大，只适用于小批量生产。

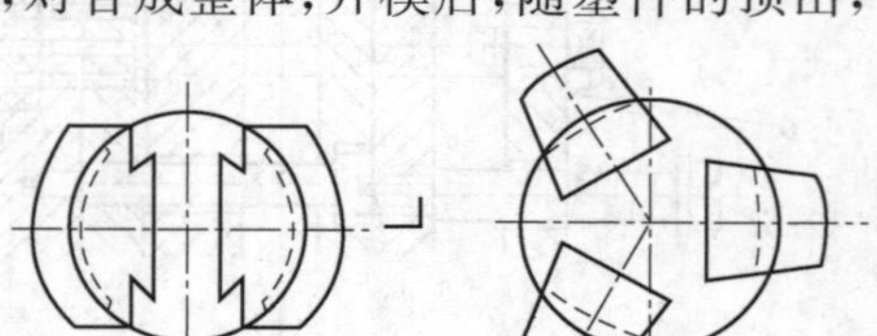

(a)　　(b)

图 7-50　拼块式螺纹脱模

3. 强制脱螺纹

图 7-51 为强制脱螺纹机构，带有内螺纹的塑件成型后包紧在螺纹型芯 1 上，推杆 3 在注射机推出装置的作用下推动推杆板 2，强制将塑件从螺纹型芯 1 上脱出。采用强制螺纹的方法受到一定条件的限制：首先，塑件应是聚烯烃类柔性塑料；其次，螺纹应是半圆形粗牙螺纹，螺纹高度 h 小于螺纹外径 d 的 25%；再有，塑件必须有足够的厚度吸收弹性变形能。

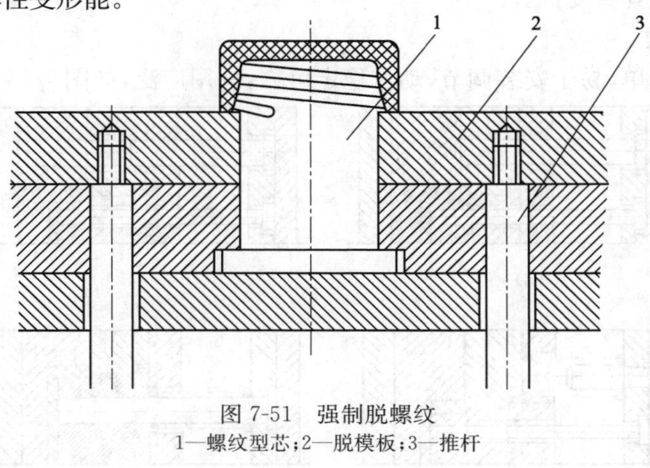

图 7-51　强制脱螺纹

1—螺纹型芯；2—脱模板；3—推杆

4. 模内旋转脱螺纹

许多带内螺纹的塑件要采用模内旋转的方式脱出。使用旋转方式脱螺纹，塑件与螺纹型芯之间要有周向的相对转动和轴向的相对移动，因此，螺纹塑件必须有止转的结构，如图 7-52 所示，图 7-52(a)所示是在塑件外表面设置凸棱止转；图 7-52(b)所示是在塑件内表面设置凹槽止转；图 7-52(c)所示是在塑件端面上设置凸起止转。图 7-53 为手动旋转脱螺纹的几种典型形式。

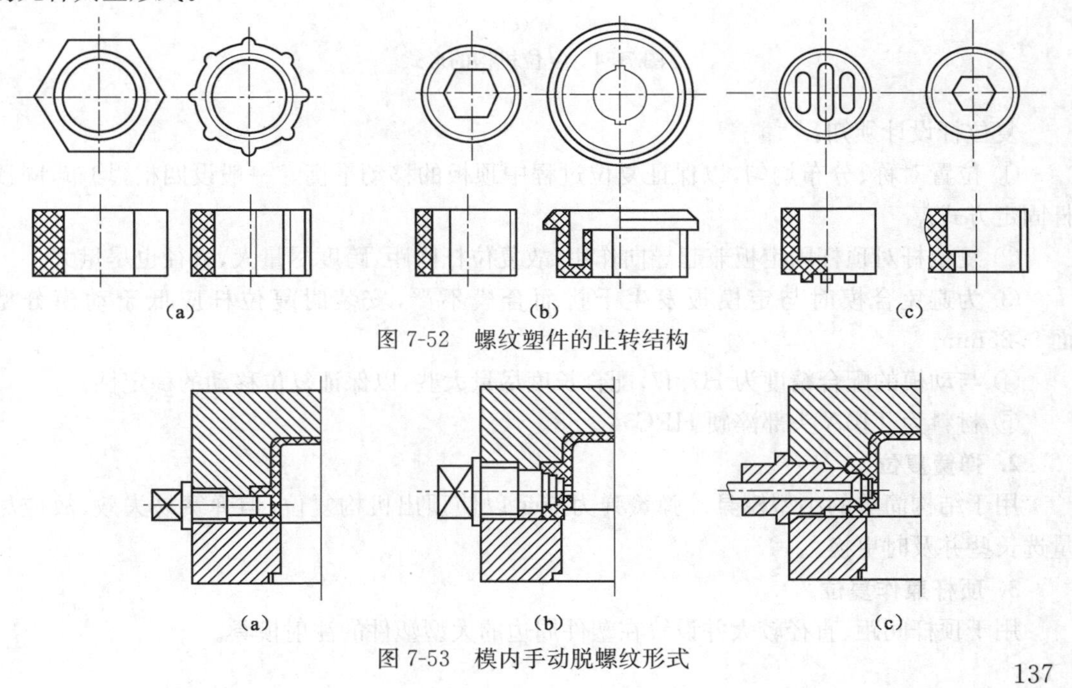

图 7-52　螺纹塑件的止转结构

(a)　(b)　(c)

图 7-53　模内手动脱螺纹形式

7.13 复位机构

复位机构就是在模具闭合时顶出系统的各个顶出元件恢复到原来设定的位置。如顶杆、顶管、顶块等。但其端部一般并不直接接触到定模的分型面上。常用的复位机构主要包括复位杆复位和弹簧复位。

1. 复位杆复位

复位杆制造简单，易于安装调节，动作稳定可靠，应用广泛，如图 7-54 所示。

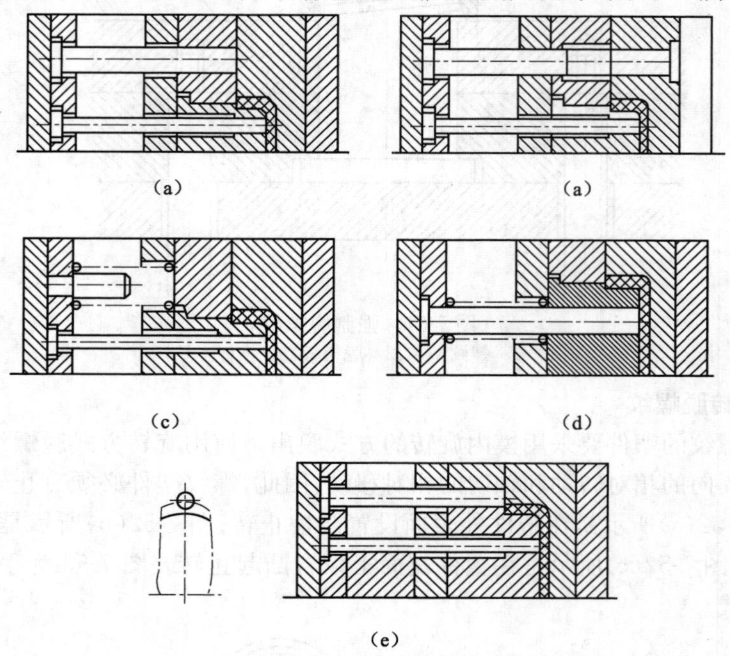

图 7-54 复位机构的形式

复位杆设计须知：

① 位置对称、分布均匀，以保证复位过程中顶板的移动平衡。一般设四根，均布，同顶杆固定方式。

② 复位杆对顶杆固定板兼起导向作用，故复位杆间距、跨度尽量大，直径也尽量大。

③ 为避免合模时与定模板发生干扰而合模不严，安装时复位杆应低于动模分型面 0.25mm。

④ 与动模的配合精度为 H7/f7，配合长度尽量大些，以保证复位移动的稳定性。

⑤ 材料为 T10A 头部淬硬 HRC54～58。

2. 弹簧复位

用于结构简单的小型模具。弹簧弹力应足以使顶出机构复位，但弹簧易失效，故应尽量选长些并及时更换。

3. 顶杆兼作复位

用于顶杆间距、直径较大并设置在塑件周边的大型塑件的注射模具。

7.14　注射模具的侧抽芯机构概述

7.14.1　侧抽芯机构的分类

在成型带有侧凹凸结构的塑件时，成型后凹凸的成型零件将阻碍塑件脱模，故一般将侧凹凸的成型零件做成活动的，开模时先侧向抽出，然后再顶出塑件，合模时再将侧成型零件恢复原位，完成侧型芯的抽出和复位动作的装置叫做侧抽芯机构。

根据动力来源的不同，侧抽芯机构一般可分为机动、液压（液动）或气动以及手动三大类型。

1. 机动侧抽芯机构

机动侧抽芯机构是以注射机开模力作为动力，通过有关传动零件（如斜导柱）使力作用于侧向成型零件而将模具侧分型或把活动型芯从塑件中抽出，合模时又靠它使侧向成型零件复位。

这类机构虽然结构比较复杂，但分型与抽芯不用手工操作，生产率高，在生产中应用最为广泛。根据传动零件的不同，这类机构可分为斜导柱、弯销、斜导槽、斜滑块和齿轮齿条等不同类型的侧抽芯机构，其中斜导柱侧抽芯机构最为常用。

2. 液压或气动侧抽芯机构

液压或气动侧抽芯机构是以液压力或压缩空气作为动力进行侧分型与抽芯，同样亦靠液压力或压缩空气使活动型芯复位。

液压或气动侧抽芯机构多用于抽拔力大、抽芯距比较长的场合，例如大型管子塑件的抽芯等。这类侧抽芯机构是靠液压缸或气缸的活塞来回运动进行的，抽芯的动作比较平稳，特别是有些注射机本身就带有抽芯液压缸，所以采用液压侧分型与抽芯更为方便，但缺点是液压或气动装置成本较高。

3. 手动侧抽芯机构

手动侧抽芯机构是利用人力将模具侧分型或把侧向型芯从成型塑件中抽出。这一类机构操作不方便，工人劳动强度大，生产率低，但模具的结构简单、加工制造成本低，因此常用于产品的试制、小批量生产或无法采用其他侧抽芯机构的场合。

手动侧抽芯机构的形式很多，可根据不同塑件设计不同形式的手动侧抽芯机构。手动侧抽芯可分为两类，一类是模内手动分型抽芯，另一类是模外手动分型抽芯，而模外手动分型抽芯机构实质上是带有活动镶件的模具结构。

7.14.2　抽拔力

1. 抽拔力及其影响因素

塑件冷却收缩时，对型芯产生包紧力。塑件脱模时所需克服的力包括：①因包紧力而产生的脱模阻力；②塑件型芯间的黏附力和摩擦力；③抽芯机构本身所产生的摩擦力。

以上几种力的合力即为抽拔力。抽拔力分为初始抽拔力和相继抽拔力。前者为开始脱模的瞬间克服包紧力所需的力；后者为继续将型芯全部抽出所需的力。前者大得多，故设计时以前者为准。

影响抽拔力的因素很多，程度也不相同，其中主要有以下几点。

(1)型芯成型部分的表面积及断面几何形状

型芯成型部分表面积越大，则包紧力越大，所需抽拔力也越大。型芯的断面为圆形时，比矩形的包紧力小，所需的抽拔力也小。当为曲线或折线所组成的断面时，则包紧力更大，抽拔力也更大。

(2)塑料的收缩率

塑料的收缩率越大，则包紧力越大，所需的抽拔力也越大。

(3)塑料的弹性模量

在同样收缩率的情况下，硬性塑料比软性塑料所需的抽拔力要大。

(4)塑料对型芯的摩擦系数

塑料对型芯的摩擦系数与塑料性能、脱模斜度、型芯表面粗糙度及润滑条件有关。摩擦系数越大，则所需的抽拔力也越大。

(5)塑件的壁厚

包容面积相同的厚壁塑件，其冷却时比薄壁塑件所需的抽拔力大。

(6)塑件同一侧面的同时抽芯数量

当塑件在同一侧面上有两个以上型芯，采用抽芯机构同时抽拔时，由于塑件孔距间的收缩较大，所以抽拔力也大。

2. 抽拔力的计算

为了估算抽拔力，首先分析一下型芯的受力情况。如图 7-55 所示。

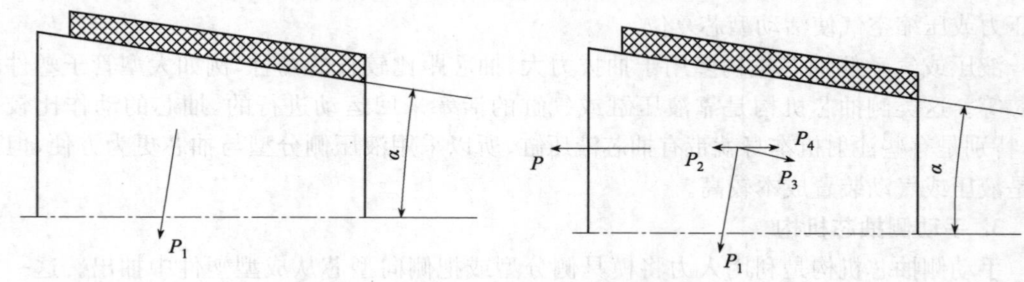

图 7-55 型芯受力分析图

式中 P ——抽拔力；

P_1 ——塑件对型芯的包紧力；

P_2 ——包紧力 P_1 沿水平方向的分力；

P_3 ——抽拔过程中塑件对型芯的摩擦力；

P_4 ——摩擦力 P_3 沿水平方向的分力。

其中

$$P_2 = P_1 \sin\alpha \tag{7-6}$$

$$P_3 = \mu P_1 \tag{7-7}$$

$$P_4 = P_3 \cos\alpha = \mu P_1 \cos\alpha \tag{7-8}$$

式中 μ ——塑料在热状态时对钢的摩擦系数，一般 $\mu = 0.15 \sim 0.2$；

α ——侧型芯的脱模斜度或倾斜角(°)。

$$P = P_4 - P_2 = \mu P_1 \cos\alpha - P_1 \sin\alpha = P_1(\mu\cos\alpha - \sin\alpha) \tag{7-9}$$

由式 7-9 可以看出：

P_1 大即塑料对侧型芯的包紧力大，抽拔力也就大。P_1 可由下式估算：

$$P_1 = C \cdot h \cdot P_0 \tag{7-10}$$

式中　C——侧型芯成型部分的截面平均周长，m；

h——侧型芯成型部分的高度，m；

P_0——塑件对侧型芯的收缩应力（包紧力），其值与塑件的几何形状、塑料的品种及成型工艺有关，一般情况下模内冷却的塑件，$P=(0.8\sim1.2)\times10^7$ Pa，模外冷却的塑件，$P=(2.4\sim3.9)\times10^7$ Pa；

将式(7-10)代入(7-9)可得到抽拔力的计算公式

$$F = ChP_0(\mu\cos\alpha - \sin\alpha) \tag{7-11}$$

7.14.3　抽芯距的计算

将侧型芯从成型位置到不妨碍塑件的脱模推出位置所移动的距离称为抽芯距，用 s 表示。

为了安全起见，侧向抽芯距离通常比塑件上的侧孔、侧凹的深度或侧向凸台的高度大 2～3mm，但在某些特殊的情况下，当侧型芯或侧型腔从塑件中虽已脱出，但仍阻碍塑件脱模时，就不能简单地使用这种方法确定抽芯距离。图 7-56 所示是个线圈骨架的侧分型注射模，其抽芯距 $s \neq s_2 + 2\sim3$mm，应是

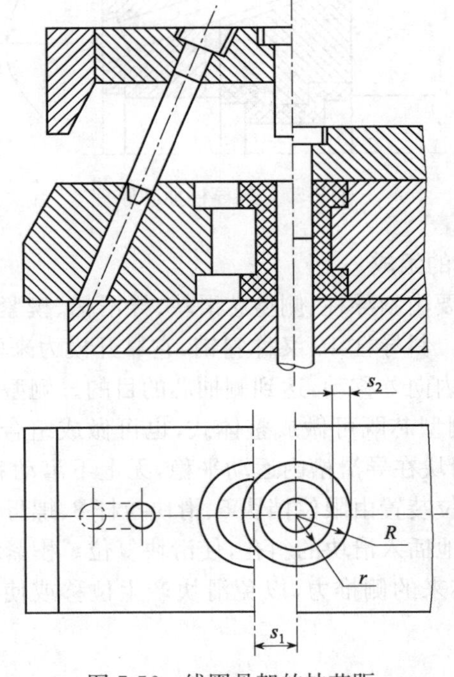

图 7-56　线圈骨架的抽芯距

$$s = s_1 + (2 \sim 3) = \sqrt{R^2 - r^2} + (2 \sim 3) \tag{7-12}$$

式中　s——抽芯距，mm；

s_1——为取出塑件，型芯滑块移动的最小距离，mm；

R——线圈骨架台肩半径，mm；

r——线圈半径，mm。

7.14.4　斜导柱侧抽芯机构

1. 斜导柱侧抽芯机构的工作原理

斜导柱与开模方向夹角为抽拔角。开模时，斜导柱与侧滑块的斜孔做相对运动，产生一个作用力 F_W，F_W 分解为 F 和 F_1。F 促使侧滑块向外移动，F 称抽拔力；F_1 使侧滑块向上移动。因侧滑块要装在模板的导滑槽中，驱动侧滑块向外侧移动而达到侧抽目的。

这类侧抽芯机构的特点是结构紧凑、动作安全可靠、加工制造方便，是设计和制造注射模抽芯时最常用的机构，但它的抽芯力和抽芯距受到模具结构的限制，一般适用于抽芯力不大及抽芯距小于 60～80mm 的场合，如图 7-57 所示。

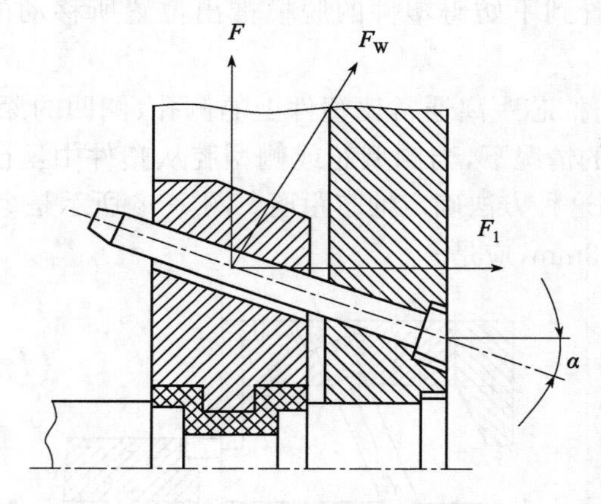

图 7-57　斜导柱抽芯原理

2. 斜导柱侧抽芯机构的组成

斜导柱侧抽芯机构主要由斜导柱、侧型芯滑块、导滑槽、楔紧块和型芯滑块定距限位装置等组成，如图 7-58 所示。斜导柱 10 又称斜销，它靠开模力来驱动从而产生侧向抽芯力，迫使侧型芯滑块在导滑槽内向外移动，达到侧抽芯的目的。侧型芯滑块 11 是成型塑件上侧凹或侧孔的零件，滑块与侧型芯既可做成整体式，也可做成组合式。导滑槽是维持滑块运动方向的支撑零件，要求滑块在导滑槽内运动平稳，无上下窜动和卡紧现象，使型芯滑块在抽芯后保持最终位置的限位装置由限位挡块 5、滑块拉杆 8、螺母 6 和弹簧 7 组成，它可以保证闭模时斜导柱能很准确地插入滑块的斜孔，使滑块复位。楔紧块 9 是闭模装置，其作用是在注射成型时，承受滑块传来的侧推力，以免滑块产生位移或使斜导柱因受力过大产生弯曲变形。

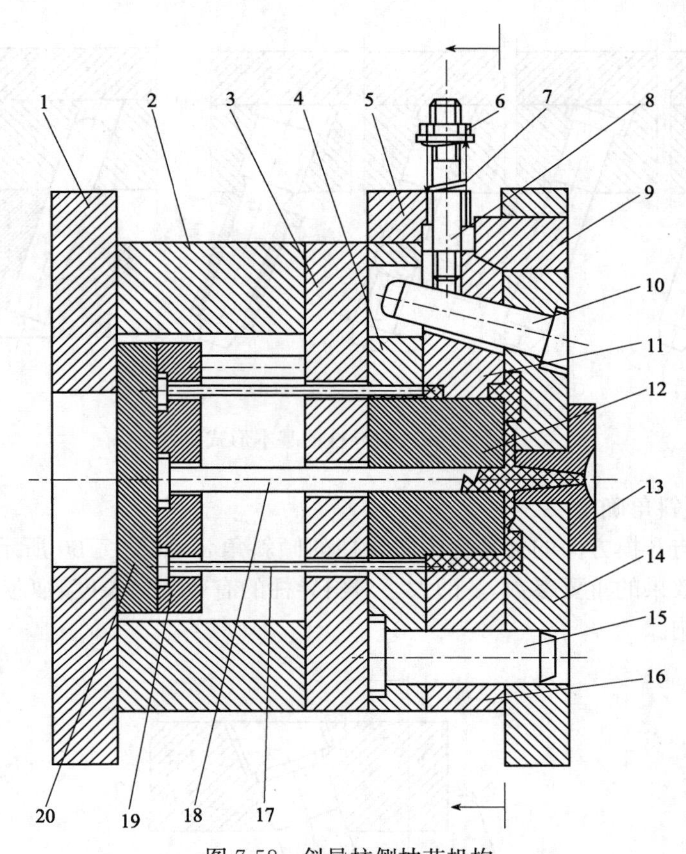

图 7-58　斜导柱侧抽芯机构

1—动模板；2—垫块；3—支撑板；4—动模板；5—挡块；6—螺母；7—弹簧；
8—滑块拉杆；9—楔紧块；10—斜导柱；11—侧型芯滑块；12—型芯；13—浇口套；
14—定模在座板；15—导柱；16—定模板；17—推杆；18—拉料杆；19—推杆固定板；20—推板

3. 斜导柱侧抽芯机构的工作过程

斜导柱侧抽芯机构注射模的工作过程如图 7-58 所示。图 7-58 中的塑件有一侧通孔，开模时，动模部分向后移动，开模力通过斜导柱 10 驱动侧型芯滑块 11，迫使其在动模板 4 的导滑槽内向外滑动，直至滑块与塑件完全脱开，完成侧向抽芯动作。这时塑件包在型芯 12 上随动模继续后移，直到注射机顶杆与模具推板接触，推出机构开始工作，推杆将塑件从型芯上推出。合模时，复位杆使推出机构复位，斜导柱使侧型芯滑块向内移动复位，最后由楔紧块锁紧。

4. 斜导柱的设计

(1)斜导柱的结构形式

如图 7-59(a)～(e)所示。斜导柱固定部分与模板的配合精度为 H7/m6 的过渡配合。斜导柱与侧滑块孔之间的配合不能过紧，应有单边 0.2～0.3mm 的间隙，原因有二：①斜导柱与侧滑块孔中滑动时有较大的侧向分力，故相互之间的运动摩擦力较大；②若配合精度高，则开模瞬间主、侧分型面几乎同时分型，而此时楔块还在锁紧作用，会引起侧抽芯的运动干扰。

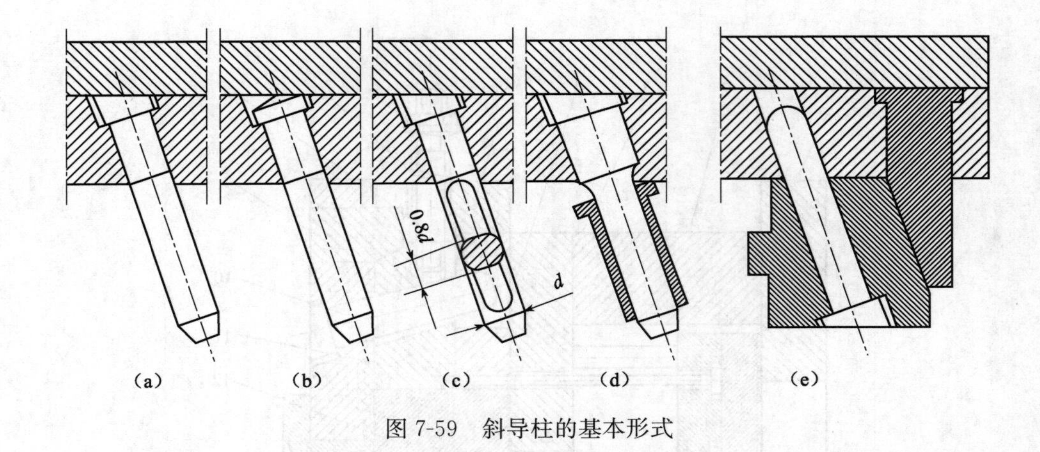

图 7-59 斜导柱的基本形式

(2)斜导柱倾斜角确定

斜导柱轴向与开模方向的夹角称为斜导柱的倾斜角 α，如图 7-60 所示，它是决定斜导柱抽芯机构工作效果的重要参数。α 的大小对斜导柱的有效工作长度、抽芯距和受力状况等起着决定性的影响。

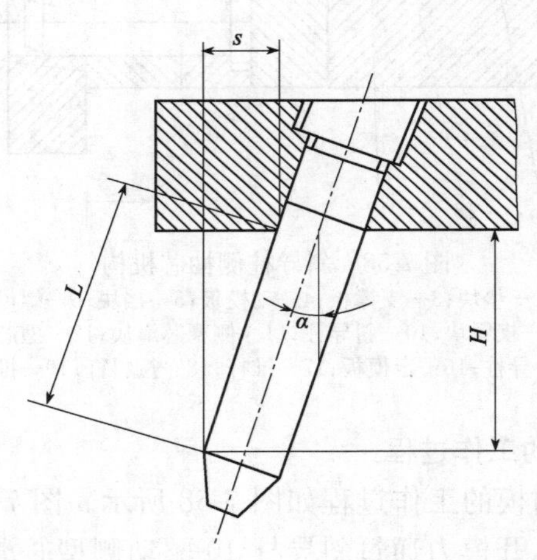

图 7-60 斜导柱抽芯长度与抽芯距关系

由图可知

$$L = \frac{s}{\sin\alpha} \tag{7-13}$$

$$H = s\cot\alpha \tag{7-14}$$

式中 L ——斜导柱的工作长度；

s ——抽芯距；

α ——斜导柱的倾斜角；

H ——与抽芯距对应的开模距。

图 7-61 所示是斜导柱抽芯时的受力图，可得出开模力

$$F_W = \frac{F_1}{\cos\alpha} \tag{7-15}$$

$$F_k = F_1 \tan\alpha \tag{7-16}$$

式中　F_W ——侧抽芯时斜导柱所受的弯曲力；

F_1 ——侧抽芯时的脱模力，其大小等于抽芯力；

F_k ——侧抽芯时所需的开模力。

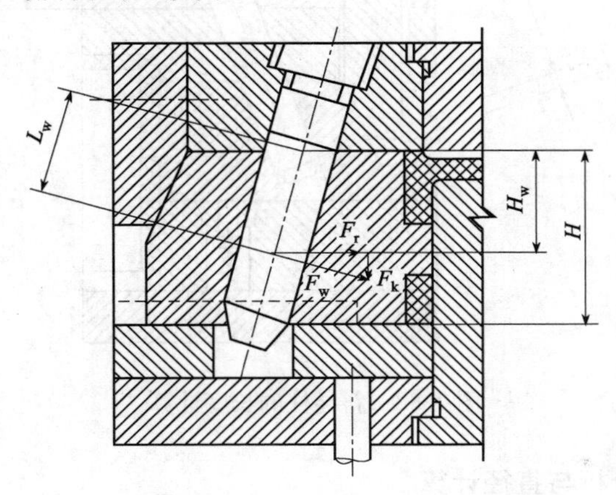

图 7-61　斜导柱抽芯时的受力图

由上式可知：α 增大，L 和 H 减小，有利于减小模具尺寸，但 F_W 和 F_k 增大，影响斜导柱和模具的强度和刚度；反之，α 减小，斜导柱和模具受力减小，但要在获得相同抽芯距的情况下，斜导柱的长度就要增长，开模距就要变大，因此模具尺寸会增大。综合两方面考虑，经过实际的计算推导，α 取 22°33′比较理想，一般在设计时 $\alpha<25°$，最常用为 $12°<\alpha<22°$。

3. 斜导柱的长度计算

斜导柱的长度见图 7-62，其工作长度与抽芯距有关。当滑块向动模一侧或向定模一侧倾斜 β 角度后，斜导柱的工作长度 L(或称有效长度)为：

$$L = s\frac{\cos\beta}{\sin\alpha} \tag{7-17}$$

斜导柱的总长度与抽芯距、斜导柱的直径和倾斜角以及斜导柱固定板厚度等有关。斜导柱的总长为

$$L_Z = L_1 + L_2 + L_3 + L_4 + L_5 = \frac{d_2}{2}\tan\alpha + \frac{h}{\cos\alpha} + \frac{d}{2}\tan\alpha + \frac{s}{\sin\alpha} + (5 \sim 10) \tag{7-18}$$

式中　L_Z——斜导柱总长度，mm；

d_2 ——斜导柱固定部分大端直径，mm；

h ——斜导柱固定板厚，mm；

d ——斜导柱工作部分直径，mm；

s ——抽芯距，mm。

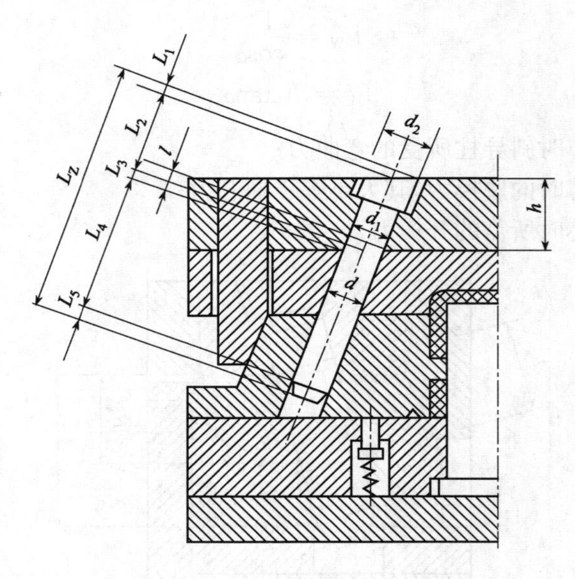

图 7-62　斜导柱的长度计算

5. 斜导柱的受力分析与直径计算

(1)斜导柱的受力分析

斜导柱在抽芯过程中受到弯曲力 F_W 的作用,如图 7-63 所示。为了便于分析,先分析滑块的受力情况。在图中:F_t 是抽芯力 F_c 的反作用力,其大小与 F_k 相等,方向相反;F_k 是开模力,它通过导滑槽施加于滑块;F 是斜导柱通过斜导孔施加于滑块的正压力,其大小与斜导柱所受的弯曲力 F_W 相等;F_1 是斜导柱与滑块间的摩擦力,F_2 是滑块与导滑槽间的摩擦力。另外,假定斜导柱与滑块、滑块与导滑槽之间的摩擦系数均为 μ。

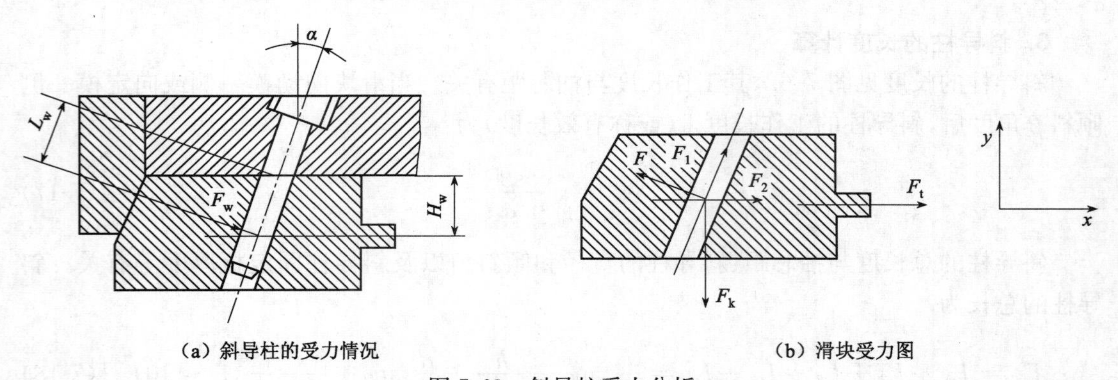

(a) 斜导柱的受力情况　　(b) 滑块受力图

图 7-63　斜导柱受力分析

$$\sum F_x = 0 \text{ 即 } F_t + F_1\sin\alpha + F_2 - F\cos\alpha = 0 \tag{7-19}$$

$$\sum F_y = 0 \text{ 即 } F\sin\alpha + \cos\alpha - F_4 = 0 \tag{7-20}$$

式中　$F_1 = \mu F$;

$F_2 = \mu F_k$ 。

由以上方程解得

$$F=\frac{F_t}{\sin\alpha+\mu\cos\alpha}\times\frac{\tan\alpha+\mu}{1-2\mu\cot\alpha-\mu^2} \tag{7-21}$$

由于摩擦力和其他力相比较一般很小，常常可略去不计（$\mu=0$），这样上式为

$$F=\frac{F_t}{\cos\alpha} \tag{7-22}$$

即

$$F=\frac{F_c}{\cos\alpha} \tag{7-23}$$

(2)斜导柱的直径计算

斜导柱的直径主要受弯曲力的影响，根据图7-63所示，受的弯矩为

$$M_W=F_W L_W \tag{7-24}$$

式中　M_W——斜导柱所受弯矩，kN·m；

L_W——斜导柱弯曲力臂，mm。

由材料力学可知

$$M_W=[\sigma_w]W \tag{7-25}$$

式中　$[\sigma_W]$——斜导柱所用材料的许用弯曲应力，kN；

W——抗弯截面系数。

斜导柱的截面一般为圆形，其抗弯截面系数为

$$W=\frac{\pi}{32}d^3\approx0.1d^3 \tag{7-26}$$

所以斜导柱的直径为

$$d=\sqrt[3]{\frac{F_W L_W}{0.1[\sigma_w]}} \tag{7-27}$$

$$d=\sqrt[3]{\frac{F_W L_W}{0.1[\sigma_w]}}=\sqrt[3]{\frac{10F_t L_W}{[\sigma_w]\cos\alpha}}=\sqrt[3]{\frac{10F_c H_W}{[\sigma_w]\cos^2\alpha}} \tag{7-28}$$

式中　H_W——侧型芯滑块受的脱模力作用线与斜导柱中心线的交点到斜导柱固定板的距离，它并不等于滑块高的一半。

由于计算比较复杂，有时为了方便也可以用查表方法确定斜导柱的直径。先按抽芯力F_c和斜导柱倾斜角α在表7-2中查出最大弯曲力F_W，然后根据F_W和H_W以及α在表7-3查出斜导柱直径d。

表 7-2　最大弯曲力、抽芯力与斜导柱倾斜角

最大弯曲力(kN)	斜导柱倾斜角 α(°)					
	8	10	12	15	18	20
	抽芯力 F_t(kN)					
1.00	0.99	0.98	0.97	0.96	0.95	0.94
2.00	1.98	1.97	1.95	1.93	1.90	1.88
3.00	2.97	2.95	2.93	2.89	2.85	2.82
4.00	3.96	3.94	3.91	3.86	3.80	3.76
5.00	4.95	4.92	4.89	4.82	4.75	4.70
6.00	5.94	5.91	5.86	5.70	5.70	5.64
7.00	6.93	6.89	6.84	6.75	6.65	6.58
8.00	7.92	7.88	7.82	7.72	7.60	7.52
9.00	8.91	8.86	8.80	8.68	8.55	8.46
10.00	6.90	6.85	6.78	6.65	6.50	6.40
11.00	10.89	10.83	10.75	10.61	10.45	10.34
12.00	11.88	11.82	11.73	11.58	11.40	11.28
13.00	12.87	12.80	12.71	12.54	12.35	12.22
14.00	13.86	13.79	13.69	13.51	13.30	13.16
15.00	14.85	14.77	14.67	14.47	14.25	14.10
16.00	15.84	15.76	15.64	15.44	15.20	15.04
17.00	16.83	16.74	16.62	16.40	16.15	15.93
18.00	17.82	17.73	17.60	17.37	17.10	17.80
19.00	18.81	18.71	18.58	18.33	18.05	2.82
20.00	16.80	16.70	16.56	16.30	16.00	18.80
21.00	20.79	20.68	20.53	20.26	16.95	16.74
22.00	21.78	21.67	21.51	21.23	20.90	20.68
23.00	22.77	22.65	22.49	22.19	21.85	21.62
24.00	23.76	23.64	23.47	23.16	22.80	22.56
25.00	24.75	24.62	24.45	24.12	23.75	23.50
26.00	25.74	25.61	25.42	25.09	24.70	24.44
27.00	26.73	26.59	26.40	26.05	25.65	25.38
28.00	27.72	27.58	27.38	27.02	26.60	26.32
29.00	28.71	28.56	28.36	27.98	27.55	27.26
30.00	26.70	26.65	26.34	28.95	28.50	28.20

续表

最大弯曲力(kN)	斜导柱倾斜角α(°)					
	8	10	12	15	18	20
	抽芯力 F_t(kN)					
31.00	30.69	30.53	30.31	26.91	26.45	26.14
32.00	31.68	31.52	31.29	30.88	30.40	30.08
33.00	32.67	32.50	32.27	31.84	31.35	31.02
34.00	33.66	33.498	33.25	32.81	32.30	31.96
35.00	34.65	34.47	34.23	33.77	33.25	32.00
36.00	35.64	35.46	35.20	34.74	34.20	33.81
37.00	36.63	36.44	36.18	35.70	35.15	34.78
38.00	37.62	37.43	37.16	36.67	36.10	35.72
39.00	38.61	38.41	38.14	37.63	37.05	36.66
40.00	36.60	36.40	36.12	38.60	38.00	37.60

6. 侧型芯机构的设计

侧型芯机构包括侧滑芯、导滑槽、定位装置、锁紧装置等几部分。

(1)侧型芯与侧滑座的连接形式

侧型芯包括成型型芯和侧滑座两部分。连接形式如图7-64所示。(a)为整体式,用于小型模具,型芯结构简单,加工方便。(b)、(c)、(d)为分体式,将成型型芯镶嵌在侧滑座上。型芯直径较大时,用贯通的圆柱销从其中间穿过;直径较小时,用骑墙销,中心在侧型芯外部,销的1/3在芯上;从尾部通孔顶出,侧型芯损坏时,先将横销钻掉再从尾部顶出。同一部位侧型芯较多时,型芯镶嵌在固定板上,固定板与侧滑节座配合,并用螺柱和圆柱销固定,如(e)所示。(f)是侧型芯为薄片时的固定方式。

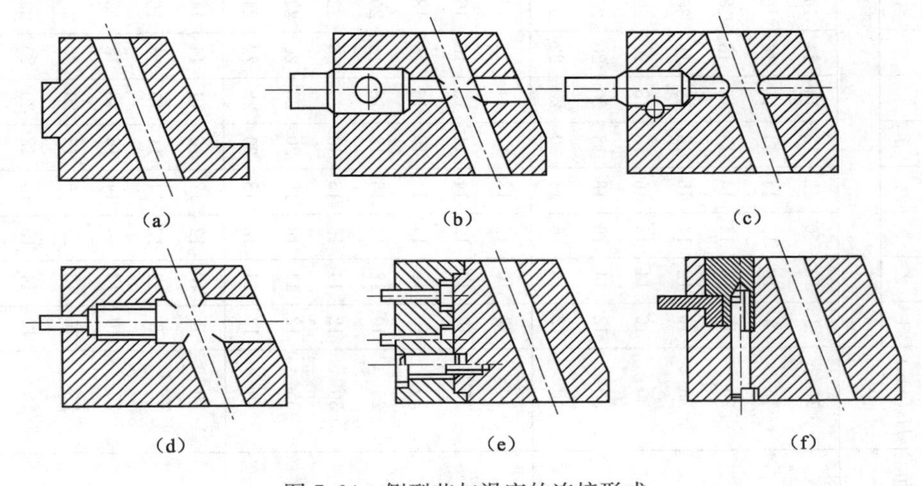

图7-64　侧型芯与滑座的连接形式

表 7-3　斜导柱倾角、高度 H、最大弯曲力、斜导柱直径之间的关系

斜导柱倾斜角 α(°)	H_0(mm)	最大弯曲力(kN)																													
		1	2	3	4	5	6	7	8	9	10	11	12	13	14	15	16	17	18	19	20	21	22	23	24	25	26	27	28	29	30
		斜导柱直径(mm)																													
8	10	8	10	10	12	12	14	14	14	15	15	16	16	18	18	18	18	18	20	20	20	20	20	20	20	22	22	22	22	22	22
	15	8	10	12	14	14	15	16	16	18	18	18	20	20	20	20	20	22	22	22	22	24	24	24	24	24	24	24	25	25	25
	20	10	12	14	14	15	16	18	18	20	20	20	20	22	22	22	24	24	24	24	24	25	25	25	26	26	26	28	28	28	28
	25	10	12	14	15	18	18	18	20	20	22	22	22	24	24	24	24	25	25	26	26	26	28	28	28	28	28	30	30	30	30
	30	10	14	15	16	18	18	20	20	22	22	24	24	24	24	25	26	26	28	28	28	28	28	30	30	30	30	32	32	32	32
	35	12	14	16	18	18	20	20	20	22	24	24	25	25	26	25	28	28	28	30	30	30	30	30	32	32	32	34	34	34	34
	40	12	14	16	18	20	20	22	22	24	24	25	26	26	28	28	28	30	30	30	30	32	32	32	32	34	34	34	34	34	35
10	10	8	10	12	12	12	14	14	14	15	15	16	18	18	18	18	18	18	20	20	20	20	20	20	20	22	22	22	22	22	22
	15	10	12	12	14	14	15	16	16	18	18	18	20	20	20	20	22	22	22	22	22	22	24	24	24	24	24	24	25	25	25
	20	10	12	14	14	15	16	18	18	20	20	20	22	22	22	22	24	24	24	24	24	25	25	25	26	26	28	28	28	28	28
	25	10	12	14	15	18	18	18	20	20	22	22	22	24	24	24	24	25	25	26	26	28	28	28	28	28	30	30	30	30	30
	30	12	14	15	16	18	20	20	22	22	22	24	24	24	25	25	26	26	28	28	28	28	30	30	30	30	30	32	32	32	32
	35	12	14	16	18	20	20	20	22	22	24	24	25	25	26	26	28	28	28	30	30	30	30	32	32	32	32	32	34	34	34
	40	12	14	18	18	20	22	22	24	24	25	26	26	28	28	28	28	30	30	30	30	32	32	32	32	34	34	34	34	34	36
12	10	8	10	12	12	12	14	14	14	15	16	16	16	18	18	18	18	18	20	20	20	20	20	20	20	22	22	22	22	22	22
	15	8	12	12	14	14	15	16	16	18	18	18	20	20	20	20	22	22	22	22	22	22	24	24	24	24	24	24	24	25	25
	20	10	12	14	14	16	16	18	18	20	20	20	22	22	22	22	24	24	24	24	26	26	26	26	26	26	26	28	28	28	28
	25	10	12	15	16	18	20	20	20	20	22	22	24	24	24	24	25	25	25	26	26	26	28	28	28	28	30	30	30	30	30
	30	12	14	15	16	18	20	20	22	22	22	24	24	24	25	25	26	26	28	28	28	28	30	30	30	30	30	32	32	32	32
	35	12	14	16	18	20	22	22	22	24	24	24	25	25	25	28	28	28	28	30	30	30	30	32	32	32	32	32	34	34	34
	40	12	14	16	18	20	22	22	24	24	24	25	26	26	28	28	30	30	30	30	32	32	32	32	32	34	34	34	34	34	35

续表

斜导柱倾斜角 α(°)	H_0(mm)	最大弯曲力(kN)																													
		1	2	3	4	5	6	7	8	9	10	11	12	13	14	15	16	17	18	19	20	21	22	23	24	25	26	27	28	29	30
		斜导柱直径(mm)																													
15	10	8	10	12	12	12	14	14	14	15	16	16	16	18	18	18	18	18	20	20	20	20	20	20	20	22	22	22	22	22	22
	15	10	12	12	14	14	15	16	16	18	18	20	20	20	20	20	22	22	22	22	22	24	24	24	24	24	24	25	25	25	25
	20	10	12	14	14	16	16	18	18	20	20	20	22	22	22	22	24	24	24	24	24	25	25	26	26	26	28	28	28	28	28
	25	10	12	14	16	18	18	20	20	20	22	22	22	24	24	24	24	25	25	26	26	28	28	28	28	28	30	30	30	30	30
	30	12	14	15	16	18	20	20	22	22	22	24	24	24	25	25	26	26	28	28	28	28	30	30	30	30	30	32	32	32	32
	35	12	14	16	18	20	20	22	22	24	24	24	24	25	26	28	28	28	28	28	30	30	30	32	32	32	32	32	34	34	34
	40	12	15	16	18	20	22	22	24	24	24	25	26	28	28	28	28	30	30	30	32	32	32	32	34	34	34	34	34	35	36
18	10	8	10	12	12	14	14	14	16	15	16	16	18	18	18	18	18	20	20	20	20	20	20	20	20	22	22	22	22	22	22
	15	10	12	12	14	14	14	16	18	18	18	18	20	20	20	20	22	22	22	22	22	24	24	24	24	24	24	25	25	25	25
	20	10	12	14	15	16	16	18	20	20	20	20	22	22	22	22	22	24	24	24	25	25	25	26	26	26	28	28	28	28	28
	25	10	12	14	16	18	18	20	20	20	22	22	22	24	24	24	24	25	26	26	26	28	28	28	28	28	30	30	30	30	30
	30	12	14	15	18	18	20	20	22	24	22	24	24	24	25	25	26	26	28	28	28	30	30	30	30	30	32	32	32	32	32
	35	12	14	16	18	20	20	22	24	24	24	24	24	26	26	28	28	28	30	30	30	30	30	32	32	32	32	34	34	34	34
	40	12	15	18	18	20	22	22	24	24	25	25	26	28	28	28	30	30	30	30	32	32	32	32	34	34	34	34	34	34	35
20	10	8	10	12	12	14	14	14	14	15	16	16	18	18	18	18	18	20	20	20	20	20	20	20	20	22	22	22	22	22	22
	15	10	12	12	14	14	15	16	18	18	18	18	20	20	20	20	22	22	22	22	22	24	24	24	24	25	25	25	25	25	25
	20	10	12	14	14	16	16	18	18	20	20	20	22	22	22	22	24	24	24	24	25	25	25	26	26	28	28	28	28	28	28
	25	10	14	14	16	18	18	20	20	20	22	22	22	24	24	24	25	25	26	26	26	28	28	28	28	30	30	30	30	30	30
	30	12	14	15	18	18	20	20	22	22	22	24	24	24	25	25	26	28	28	28	28	30	30	30	30	30	32	32	32	32	32
	35	12	14	16	18	20	20	22	22	24	24	24	24	26	26	28	28	28	28	30	30	30	32	32	32	32	32	34	34	34	34
	40	12	14	18	18	20	22	22	24	24	25	25	26	28	28	28	30	30	30	30	32	32	32	32	34	34	34	34	34	35	35

(2)侧滑座的导滑形式

为保证侧型芯平稳移动,无上下窜动和卡死现象,可靠地抽出或复位,侧滑座应与导滑槽配合良好。侧滑座的宽度和导滑槽厚度配合均为基孔制的间隙配合 H7/f7。导滑槽设在模板上,采用 T 型槽的结构。侧滑座的导滑形式有整体式和镶嵌式两种。一般多采用整体式。

① 整体式:如图 7-65 所示。结构简单紧凑,广泛用于小型模具;在侧滑座底部中间部位安装一导向条形镶块,侧滑块很宽时使用。嵌块结构简单,便于修复、更换;导滑槽设在滑座中部,用于侧滑座较高的情况。

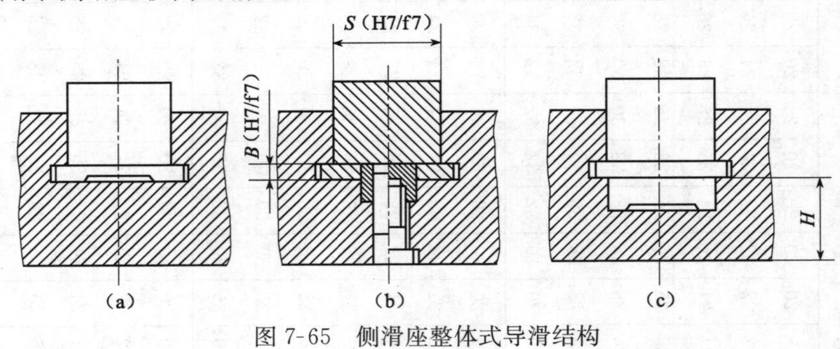

图 7-65 侧滑座整体式导滑结构

② 镶拼式:将侧滑座或导滑槽由镶拼形式组成,如图 7-66(a)~(f)所示。

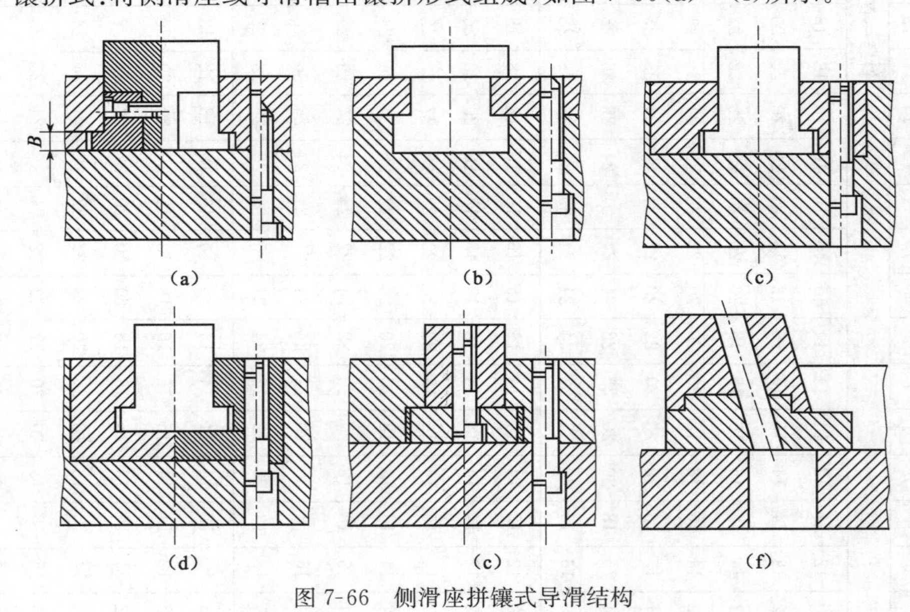

图 7-66 侧滑座拼镶式导滑结构

(3)侧滑座的定位装置

如图 7-67 所示。(a)、(b)为挡板式,结构简单,只用于侧型芯安在模具下方的情况,装配图上应标明模具安装方向;(c)、(d)、(e)、(f)为弹顶销定位,装置安装在模体内部,结构紧凑,外观整洁,但弹簧弹力有限且易失效,故常与其他机构配合使用,如尾部加设挡板等,多用于水平方向侧抽芯的小型模具上;(g)为限位杆限位,应用广泛,在模具任意方向均可采用,运动平稳,定位可靠,但模体尺寸加大。

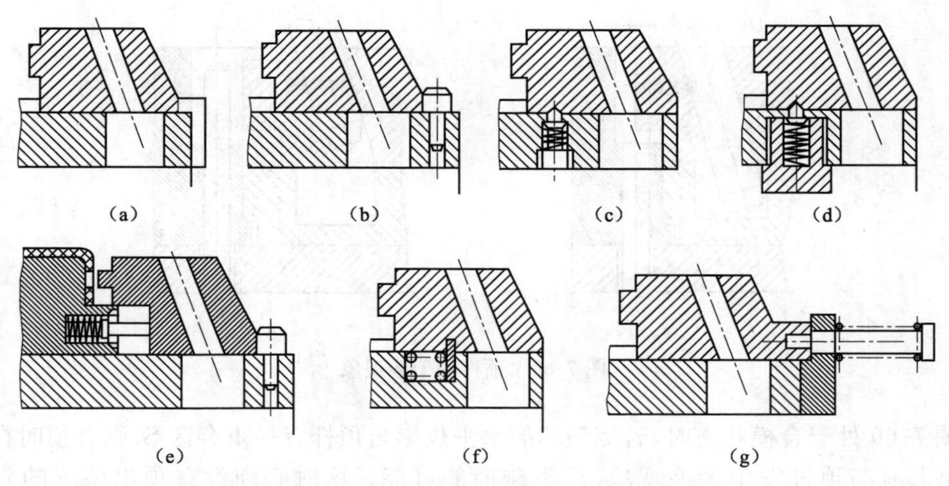

图 7-67　侧滑座的定位机构形式

(4)侧滑座的锁紧装置

侧滑座的锁紧装置的作用:保证侧型芯准确复位,承受注射压力对侧型芯的冲击。压紧块的结构形式如图 7-68 所示。

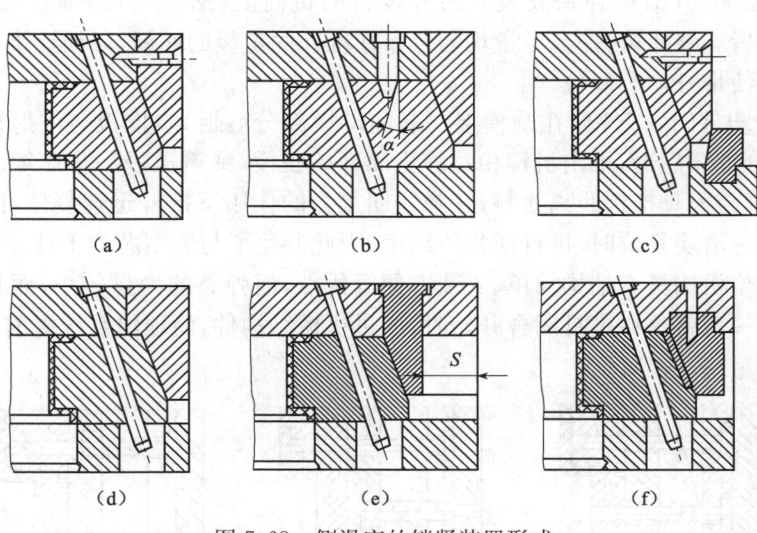

图 7-68　侧滑座的锁紧装置形式

7.14.5　先复位机构

1. 顶杆的干涉现象及解决办法

干涉现象是指滑块的复位先于推杆的复位,致使活动侧型芯与推杆相碰撞,造成活动侧型芯或推杆损坏的事故。侧向型芯与推杆发生干涉的可能性出现在两者垂直于开模方向平面上的投影发生重合的条件下,如图 7-69 所示。

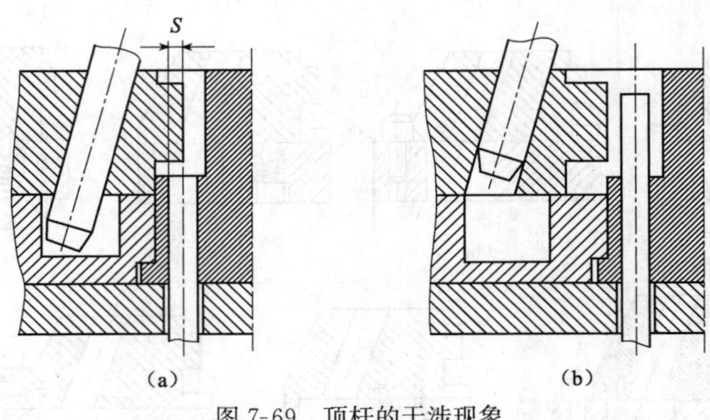

图 7-69　顶杆的干涉现象

图 7-69 处于合模状态时，若侧型芯的水平投影与顶杆有一重合区 S，则合模时在该区域内型芯有与顶杆发生干涉现象，产生碰撞的可能。这时必须设置顶出系统的先复位机构。

2. 先复位机构的结构形式

弹簧先复位机构是常见的一种先复位机构，如图 7-70 所示，利用弹簧的弹力使推出机构在合模之前进行复位，弹簧安装在推杆固定板和动模垫板之间。图 7-70(a)中弹簧安装在复位杆上；图 7-70(b)中弹簧安装在另外设置的簧柱上；图 7-70(c)弹簧安装在推杆上。一般情况下设置 4 根弹簧，并且尽量均匀分布在推杆固定板的四周，以便让推杆固定板受到均匀的弹力而使推杆顺利复位。

开模推出塑件时，塑件包在凸模上一起随动模部分后退，当推板与注射机上的顶杆接触后，动模部分继续后退，推出机构相对静止而开始脱模，弹簧被进一步压缩。一旦开始合模，注射机顶杆与模具推板脱离接触，在弹簧回复力的作用下推杆迅速复位，因此在斜导柱还未驱动侧型芯滑块复位时，推杆便复位结束，因此避免了与侧型芯的干涉。

弹簧先复位机构具有结构简单、安装方便等优点，但弹簧的力量较小，而且容易疲劳失效，可靠性差，一般就是在模具闭合开始时，通过机械结构件，使顶出系统提前复位。

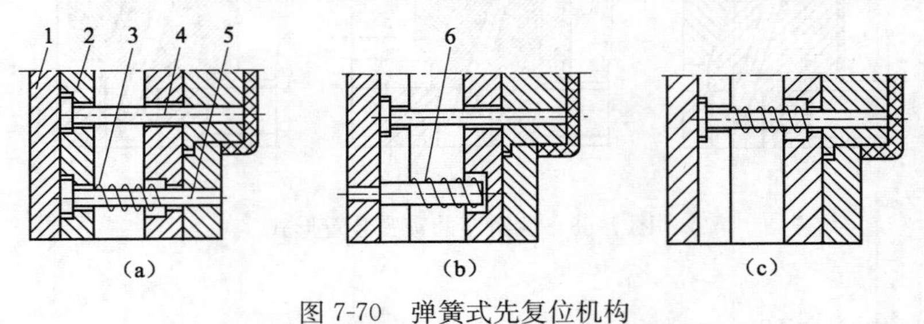

图 7-70　弹簧式先复位机构

1—推板；2—推板固定板；3—弹簧；4—推杆；5—复位杆；6—弹簧柱

7.14.6　斜导柱侧抽芯机构的分类

1. 斜导柱安装在定模、滑块安装在动模的结构

它是斜导柱侧向分型抽芯机构的模具中应用最广泛的形式。它既可用于结构比较简单的注射模，也可用于结构比较复杂的双分型面注射模。模具设计人员在接到设计具有侧抽芯塑件的模具任务时，首先应考虑使用这种形式，图 7-71 所示是属于双分型面模具的这类形式。

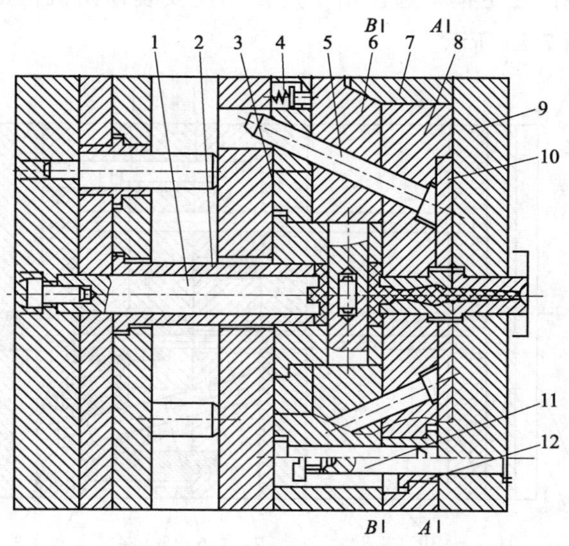

图 7-71　斜导柱安装在定模、滑块安装在动模的注射模

1—型芯；2—推管；3—动模镶件；4—动模板；5—斜导柱；6—侧型芯滑块；7—楔紧块；8—中间板；9—定模座板；10—垫板；11—拉杆导柱；12—导套

2. 侧型芯斜导柱均在动模的结构

通过顶出机构实现斜导柱与滑块的运动，图 7-72 是这种形式。

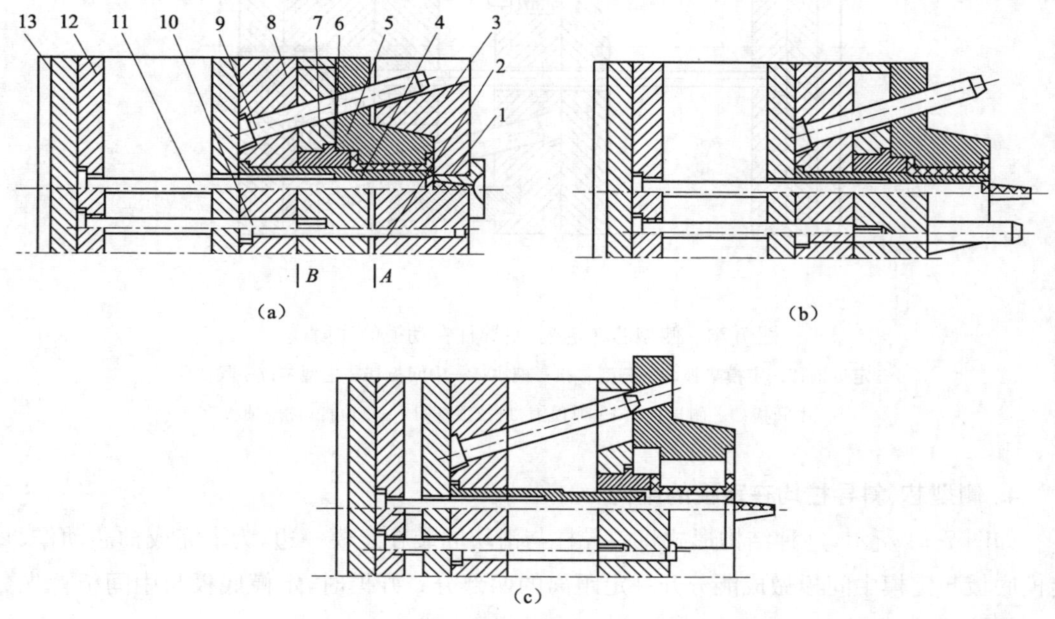

图 7-72　侧型芯、斜导柱均在动模的注射模

1—浇口套；2—导柱；3—定模；4—主型芯；5—侧型芯；6—定位套；7—脱模板；8—动模固定板；9—斜导柱；10—推杆；11—推料杆；12—顶杆固定板；13—顶杆垫板

3. 侧型芯在定模、斜导柱在动模的结构

开模时，塑件可能留在定模一边。由于定模不便安装顶出机构，因此多用于不必设顶出机构的塑件上，如图 7-73 所示。

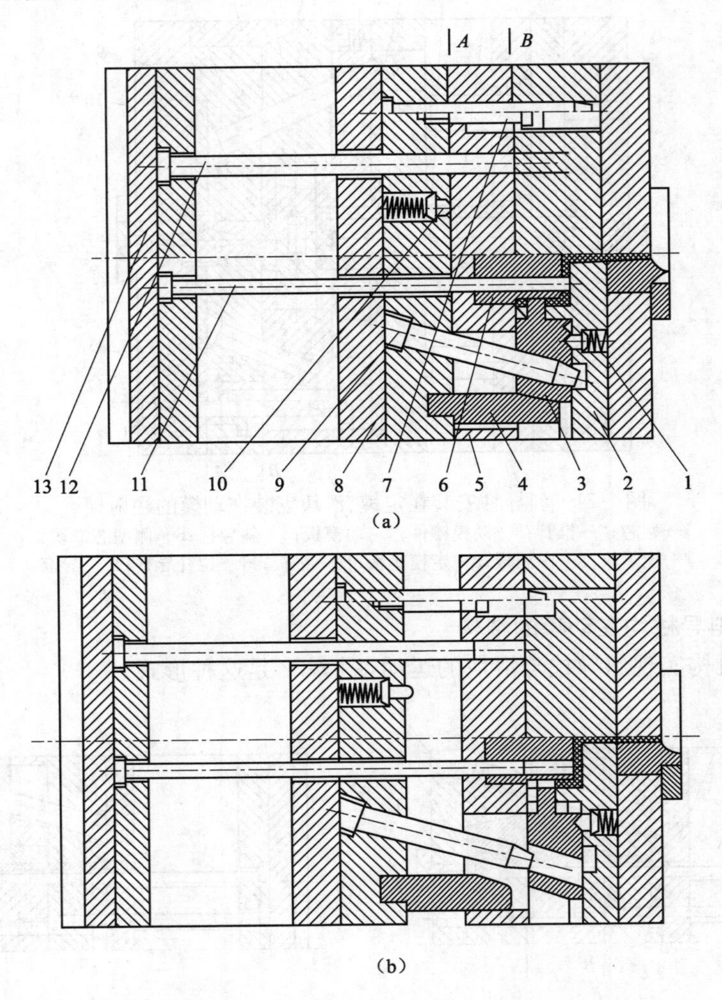

图 7-73　侧型芯在定模、斜导柱在动模的注射模

1—定位销；2—定模垫板；3—侧型芯；4—楔块；5—中间板；6—主型芯；7—限位杆；8—中间板；9—斜导柱；10—弹顶销；11—顶杆；12—复位杆；13—顶板

4. 侧型芯、斜导柱均在定模的结构

如图 7-74 所示，这种结构形式将斜导柱与滑块同装在定模一边，为了完成抽芯动作，将定模底板与定模中间板做成能分开一定距离的两部分。开模时，定模底板与中间板首先分型完成抽芯动作。

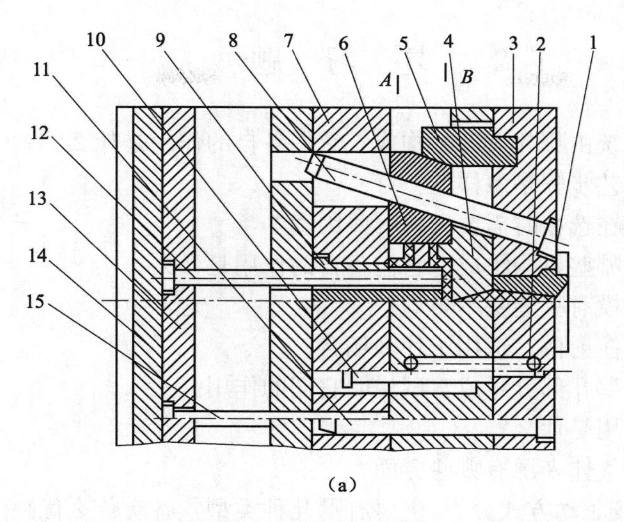

(a)

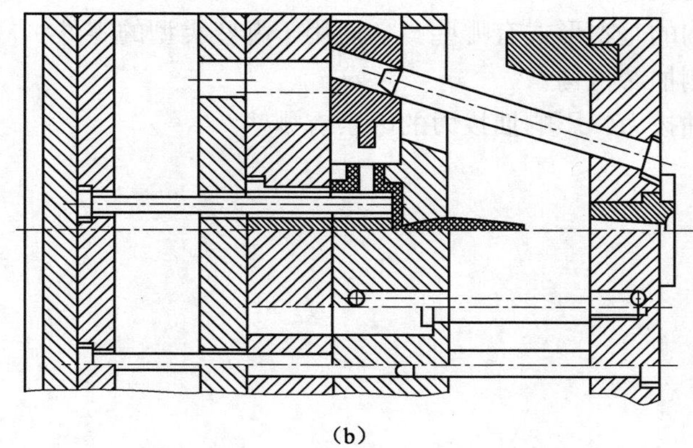

(b)

图 7-74　侧型芯、斜导柱均在定模的注射模

1—浇口套；2—弹簧；3—定模板；4—定模型腔板；5—压紧块；6—侧型芯；7—中间板；8—斜导柱；9—主型芯；10—限位杆；11—导柱；12—顶杆；13—顶杆固定板；14—顶杆垫板；15—复位杆

小　　结

主要内容	知识点	学习重点	提示
注射成型模具的基本组成及结构形式，模具浇注系统、引气和排气系统、顶出机构、脱模机构、复位机构、侧抽芯机构等重要的组成机构的工作原理、设计准则及类型	注射成型工艺及设备，注射模具的基本组成及结构形式，重要组成机构的工作原理、设计准则及类型	注射成型重要组成机构的工作原理、设计准则及类型	注射成型模具主要由浇注系统、引气和排气系统、顶出机构、脱模机构、复位机构、侧抽芯机构等机构组成

复　习　题

7-1　注射成型系统由哪几大部分构成？它们各自的作用是什么？

7-2　注射成型工艺步骤是怎样的？

7-3　注射成型机在选型时需要考虑哪些因素？

7-4　注射模具由哪些机构组成？它们各自的作用是什么？

7-5　两板式注射模有哪些基本类型？

7-6　何谓三板式注射模？适用于什么场合？

7-7　浇注系统由哪几部分组成？试说明它们的作用。

7-8　冷料穴的作用是什么？

7-9　模具型腔中气体来源有哪些方面？

7-10　顶出机构按驱动方式分类，主要有哪几种类型？各有什么优缺点？

7-11　顶出机构的基本形式有哪些？各适用于哪些类型的零件？

7-12　什么是侧抽芯机构？

7-13　什么是抽拔力？影响抽拔力的因素有哪些？

参考文献

[1] 葛曷一.复合材料工厂工艺设计概论[M]. 北京:中国建材工业出版社,2009.
[2] 刘雄亚.复合材料制品设计及应用[M]. 北京:化学工业出版社,2007.
[3] 王国荣.复合材料概论[M]. 哈尔滨:哈尔滨工业出版社,1999.
[4] 刘雄亚.复合材料工艺及设备[M]. 武汉:武汉理工大学出版社,1998.
[5] 赵玉庭.复合材料聚合物基体[M]. 武汉:武汉理工大学出版社,2004.
[6] 阎亚林.塑料模具图册[M]. 北京:高等教育出版社,2004.
[7] 齐卫东.塑料模具设计与制造[M]. 北京:高等教育出版社,2004.
[8] 刘汉云.塑料模具设计与制造[M]. 南京:江苏科学技术出版社,1989.
[9] 马金骏.塑料模具设计[M]. 北京:中国轻工业出版社,1984.
[10] 刁树森.塑料模具设计与制造[M]. 哈尔滨:黑龙江科学技术出版社,1984.

中国建材工业出版社
China Building Materials Press